PHP
Business Shinsho

# 入門
# Web3とブロックチェーン

Yasumasa Yamamoto
山本　康正



PHPビジネス新書

# はじめに

## なぜ今、「Ｗｅｂ３」が話題になっているのか？

２０２２年、米国では騒ぎがおさまりつつあるなか、半年ほど遅れて、日本でもデジタルテクノロジーの分野で、「Ｗｅｂ３（Ｗｅｂ３・０／ウェブスリー）」というバズワードが、「メタバース」と並んで、大きな話題となっています。

Ｗｅｂ３という概念を２０１４年という早い時期に提唱したのは、「イーサリアム」の共同創始者であり元ＣＴＯであるギャビン・ウッド氏です。

イーサリアムは、「イーサリアムプロジェクト」と名付けられたブロックチェーンを応用したプラットフォームの総称であり、そこで使用されている「イーサ」は、ビットコインに次ぐ業界2番手の暗号資産（仮想通貨）です。

暗号資産業界のインフルエンサーが、「新しいインターネットの世界」としてＷｅｂ３の概念を提唱しているということは、暗号資産業界を盛り上げるためのポジショントーク的、理想論的な意味合いが多分に含まれていると考えられます。このことは頭に留めておくべきでしょう。

では、2022年から8年も前に提唱されたことが、なぜ今になって掘り起こされているのか。そのきっかけは、暗号資産業界に巨額の投資を行っている米大手ベンチャーキャピタル「アンドリーセン・ホロウィッツ」が、Web3関連事業への出資や投資を集めていることです。宣伝として、Web3が都合がよかったのです。よりよいインターネットを構築する方法として、各国政府にWeb3関連の法整備に取り組む際の原則を提案したりしているのも、同様の背景があります。

現段階のWeb3は、ホットなマーケティング用語、ポジショントークの道具としていいように使われている側面も大きいことは否定できません。

ただし、**Web3が提唱されたきっかけであるブロックチェーン技術は、様々な可能性を秘めた技術**です。現状では核となる技術があるわけではなく、様々な既存の技術の組み合わせであるメタバースとは、この点が異なります。

現時点では、Web3というコンセプト、理想論ばかりが先行して、肝心の中身がまだ追いついていない状況ともいえるでしょう。

こういった流行《はや》り言葉が出現する際には気をつけるべき点があります。きちんとした理解のある人はごく少数で、実態以上には語りませんが、逆に実態の理解を優先せず、理想論を誇張して、自己承認欲求や利益に誘導する人が一定数いるということです。またメディアも、新しそうに見えるので、そういった人を前面に押し出します。それが正しいか、正しくないかは、彼らにとっては関係がないのです。社会の資源を活用するという意味では、慎重に見破らなければなりません。

２０２０年代以降のインターネットの動向を見ていく上では、暗号資産からＷｅｂ３への一定のムーヴメントとブロックチェーン技術の応用可能性を切り離して捉える冷静な視点が重要になります。

## 投資マネーがブロックチェーンに流れ込んでいる

ブロックチェーン関連のスタートアップ企業による資金調達額は、年々増加しています。特に２０２１年の伸びは著《いちじる》しく、２０２０年の31億ドルから２５２億ドルへと、前年比約８倍という驚異の伸びを見せています。

この傾向にはＷｅｂ３という「ラベル」の宣伝効果も寄与していると思われますが、ラベルのあり、なしにかかわらず、２０１０年代からブロックチェーン関連企業へは人材と投資マネーが集まってきていました。古参の企業からすると、突如、ミーハーな人たちがやってきたように映ります。

米大手決済サービス「スクエア」のＣＥＯを務めるジャック・ドーシー氏が、２０２１年12月に社名を「スクエア」から「ブロック（Block）」に変更したことも、明らかにブロックチェーンを連想させます。その直前にツイッターのＣＥＯを退いたばかりのドーシー氏が、新たなフィールドに掲げる看板として「ブロック」というネーミングを選んだというのは、テクノロジーのトレンドという視点からも非常に示唆《しさ》的ではないでしょうか。

もちろん、既存の金融機関もただ手をこまねいているわけではありません。三菱ＵＦＪフィナンシャルグループはブロックチェーンを活用した独自のデジタル証券発行・管理プラットフォーム「Progmat（プログマ）」の運用をスタートしています。

今後はブロックチェーンを活用した取り組みが、あらゆる業界で実験的に試されることが予想されます。その過程では、企業が異業種に参入する例も増えていくでしょう。

すでに国内では、第一生命保険が住信ＳＢＩネット銀行、楽天銀行と提携して、２０２２

年中に銀行サービスを始めることを発表しました。国内の大手生命保険会社が銀行サービスに参入するのは初めての事例です。同様の動きが今後も加速していくことは間違いありません。

ブロックチェーンという新しいテクノロジーが、企業ごとの業態の違いを溶かし始めています。

## キャンペーンの道具として消費しない目を養おう

ブロックチェーン技術が、困難を乗り越え、社会実装されていくと、一定の情報が中央政府や巨大企業の管理下から離れていく未来が予測されます。

政府の形は変わり、経済は今以上に合理化・効率化されていくでしょう。それに合わせて、ルールも改善せざるをえなくなります。

**Web3はインターネット領域だけの話ではない**点が最大のポイントです。

ブロックチェーンは様々な可能性を秘めていることを理解し、その技術によって未来がどう変化するかを読み解き、いかに自分たちのフィールドに応用していくかを自分事として考えることが、Ｗｅｂ３への最も正しい向き合い方といえるのではないでしょうか。

これはＷｅｂ３に限らない話ですが、最新のテクノロジーやムーヴメントへの態度として最も怖い結果を招くのは、表面的な情報だけをかすめて「わかったつもり」になり、浅い判断力でジャッジしてしまうことです。

例えば、ブロックチェーンの導入によって中央集権から分散化に向かうという理想は、本当に実現するでしょうか？

ＧＡＦＡＭ（グーグル、アップル、フェイスブック〈現・メタ〉、アマゾン、マイクロソフト）などの大手ＩＴ企業に対抗できるという理想論をもとに、日本政府は「経済財政運営と改革の基本方針２０２２（骨太方針２０２２）」でＷｅｂ３に積極的に取り組むことを示しましたが、では、大手ＩＴ企業はブロックチェーンを活用できないのでしょうか？　その理論的な理由はありません。新しいことにチャレンジをすること自体は推奨されるべきですが、政策としては、規模の経済をどう活用し、儲け続け、シェアを伸ばしていくのかという具体的な道筋のほうに、より注目をしなければなりません。

Ｗｅｂ３に統一された理解はありません。

それはＷｅｂ１・０も、Ｗｅｂ２・０も同様です。そもそもＷｅｂ２・０が定義されたことによって、遡《さかのぼ》ってＷｅｂ１・０を定義しているくらいなのですから、厳密な定義も数的な法則性もなくて当然でしょう。提唱者もそれぞれ別の人です。

曖昧《あいまい》で抽象的。だからこそ、なんとなくその言葉を使うだけでも、あたかもわかっているようなふりができてしまう。表層的な理解だけで、自分たちの価値や優位性を上げるための単なるキャンペーンの小道具として消費してしまう。

これが、Ｗｅｂ３が今現在抱えている本質的な問題ではないでしょうか。

そして、この落とし穴に一番落ちやすいのは、若い世代ではなく、むしろ組織のトップを張る経営陣や管理職、ベテラン政治家など、「テクノロジーには疎《うと》いが意思決定層である」人々のほうです。

だからこそ本書では、絡《から》まった糸をほぐすように、Ｗｅｂ３の根幹であるブロックチェーン技術を本質とした上で、Ｗｅｂ３の未来が秘めている可能性について一つずつ検証していきたいと思います。

入門 Web3とブロックチェーン 目次

はじめに　3



# 第1章　Ｗｅｂ３で世界は激変する

## 第2章

# 「NFT」がデジタルデータに新たな価値を生んだ

第3章

# 個人の貢献を可視化する「DAO」がシビアな実力主義をもたらす

第4章

# すべての企業が避けては通れない「トレーサビリティ」も変革する

特別対談

# 政治や社会までも変えるWeb3の可能性

山本康正×筒井清輝

## おわりに 158

# 第1章 Web3で世界は激変する

# 「閲覧するだけ」だったＷｅｂ１・０

Ｗｅｂ３とは何か？

具体的に何を意味していて、それによって社会や経済はどのように変わっていくのか？

２０２２年、各所でこのような議論が巻き起こっています。


Ｗｅｂ３は突然現れた概念ではありません。

Ｗｅｂ３の前にはＷｅｂ２・０があり、その前にはスタート地点としてＷｅｂ１・０がありました。では、それぞれがどういうものかとあらためて問われると、答えに詰まってしまう人も多いのではないでしょうか。

実体が見えないこの曖昧な概念を解きほぐすために、まずはＷｅｂ、すなわちインターネットという世界を変えたテクノロジーの変遷の歴史を振り返っていきましょう。

日本でインターネットの個人への普及が始まったのは、１９９０年代半ば以降です。

当時のウェブサイトはまだ一部の人のための限定的なサービスで、ユーザーは企業などが発信する情報を「閲覧するだけ」という受け手のスタンスである場合がほとんどでした。

日本で初めてインターネットサービスプロバイダがサービスを開始したのが1992年。ダイヤルアップ接続サービスが始まったのがその翌々年。「Windows95」が日本で発売されたのが1995年。「Yahoo! Japan」がサービスを開始したのが1996年。こうした流れを見ると、当時のインターネットの立ち位置を肌感覚で思い出せる人も多いでしょう。

ジェフ・ベゾス氏がアマゾンを創設した1994年当時、投資家から寄せられた質問で最も多かったのは「そもそもインターネットって何だ?」だったそうです。

1990年代前半の米国社会ですら、インターネットは一般にはまだほとんど知られていないテクノロジーでした。当時のインターネットと社会の距離感を示唆する、非常に象徴的なエピソードといえるでしょう。

情報の受け手と送り手が固定化されており、静的な一方向の流れが大半である。

ほとんどの人はまだその意味を知らないし、日常レベルでは活用されていない。

これがのちにWeb1・0といわれるインターネットの初期段階です。

## 双方向のアクションが実現したWeb2・0

一方向しかなかったインターネットの流れが本格的に変わったのは、1990年代後半からです。

日本では1990年代後半から始まったADSLの普及や光回線の登場によって、一般の人々にとってもインターネットが一気に身近な存在になりました。ブログやSNS、ユーチューブ、フェイスブックなどのサービスが増加したことで、それまではごく一部のビジネスの範囲でしか使われていなかったインターネットの世界が、次第に万人に開かれていくようになったのです。

難しいプロトコルを知らなくても、誰もが自分が書いたプライベートなテキストや撮った写真を不特定多数の人とシェアできるようになったことは、インターネットの歴史において大きな転換点になりました。

言い換えれば、「誰もがメディアになりうる時代」が到来したのです。

誰もが気軽に情報を発信し、相互にアクションを行えるようになったこと。双方向性が生まれ、そのためのプラットフォームやコミュニティが爆発的に広がっていったこと。これこそがＷｅｂ２・０の最大の特徴といえるでしょう。

　この概念を「Ｗｅｂ２・０」と名付けたのは、米国オライリーメディアの創立者であり、オープンソース運動の支持者としても知られるティム・オライリー氏でした。日本ではＩＴコンサルタントの梅田望夫氏の著書『ウェブ進化論』（ちくま新書）によって、この概念を知った人も多いでしょう。

　グーグルが牽引《けんいん》する検索技術の革新や、アマゾンをはじめとしたＥＣサイトのサービス、各種ＳＮＳが広がったことで、インターネットは私たちの日常生活により身近なものとなっていきました。

　今現在、私たちのほとんどがつながっているインターネットは、このＷｅｂ２・０の世界です。

## なぜ国産SNSはWeb2・0で負けたのか

　かつての日本は、Ｗｅｂ２・０という大きな潮流の先行集団に位置していました。

　まだｉＰｈｏｎｅが誕生していなかった２０００年代半ばには、国産ＳＮＳのＧＲＥＥや

ｍｉｘｉ、また、エキサイト、はてな、ライブドアなどのブログサービスが活況を呈《てい》していたことをご記憶の読者も多いでしょう。

しかし、フェイスブックやツイッターに次第に押されていき、いずれもSNSとしては衰退していきました。

どこが勝敗の分岐点だったのか？

私は「コンテンツ自体の質の確保」と「共有しやすさ」、この2点の要素を兼ね備えていたかどうかがポイントだったと考えています。

インターネット上の情報は、ある意味でコモディティ（ありふれた商品）です。たいていは無料で、誰でも閲覧できますから、まったく希少性はありません。

だからこそ、発信をより共有しやすくしたり、スパムやフェイクの情報を排除して質のいい情報を発見しやすくしたりする仕組みづくりが重要になってきます。

衰退してしまったプラットフォームはいずれも、そのサービスがユーザーの望む形にうまく嚙《か》み合わなかったように見受けられます。

フェイスブックが普及し始めた当初は、匿名やハンドルネームが当たり前だったインターネットの世界に「本名」「出身校」「所属企業」などのリアルな情報を持ち込むなんてありえない、という反発の声も多く挙がっていました。

しかし、「実名でつながるソーシャルメディア」というフェイスブックの位置付けは、海外でのつながりもあることから規模の経済が働き、急速に拡大しました。

その後もインスタグラムやティックトックなどの新しいSNSが続々登場しましたが、いずれも双方向のコミュニケーションを活かし、使い勝手のよいサービスを設計・提供するプラットフォームとしてユーザーを獲得しています。

また、個人のSNS活用の普及と並行して、1990年代後半から2010年代にかけては、ビジネスや行政でもIT活用が大きく進みました。今やどんな業界、どんな職種であっても、インターネットと無関係ではいられません。

## Web3の核となる技術はブロックチェーン

ホームページや電子メールを中心とした静的なWeb1.0の世界を経て、SNSやECが活発化した動的なWeb2.0の世界へ。

こうしたインターネットの変遷の歴史を踏まえた上で、本章のテーマに戻りましょう。

次に来るインターネットの新潮流、すでに企業から資金が流れている「Web3」とは何か？

ＮＦＴ（非代替《だいたい》性トークン）、ＤＡＯ（分散型自律組織）、ＤｅＦｉ（分散型金融）など、Ｗｅｂ３の周辺には様々な新しいキーワードが飛び交っています。詳細については追って解説していきますが、Ｗｅｂ３の核となるのはただ一つ、ブロックチェーン（分散型台帳技術）です。

**ブロックチェーンを活用した次世代のＷｅｂの世界。**

端的《たんてき》に表すならば、これがＷｅｂ３と呼ばれる概念です。

ブロックチェーンは、過去の記録を確認でき、かつ改竄《かいざん》することが非常に困難なデータベース技術の一種です。

同じデータを収めたブロックの連なりを複数の場所で分散管理し、新規に入ってくるデータを参加者同士が暗号などを活用することによって認証する（マイニングする）ことで、改竄が防止できる仕組みになっています。

単独の管理者による台帳と違って、**参加者など指定された人がデータを閲覧・運営できる台帳**である、という点がポイントです。

## Web1.0・Web2.0・Web3の違い

| Web1.0 | Web2.0 | Web3 |
|---|---|---|
| 企業などが発信した情報を、一方的に閲覧するだけ | 企業などが提供するサービスを使って、誰もが情報を発信でき、双方向のアクションができる | ブロックチェーン技術を使った、分散化されたオンラインエコシステム |

ブロックチェーンを理解するためのキーワードは、**「脱中央集権化」**です。

これまで、情報の管理や認証の機能は「中央」に集中している状態が当たり前とされてきました。しかし、ブロックチェーンを活用することによって、インターネット上でデータを分散管理し、相互に取引を監視し合って信用を担保できる仕組みが誕生しました。

ブロックチェーンと聞いて、多くの人がまず思い浮かべるのは、暗号資産ではないでしょうか。

リーマンショックによって世界的な株価下落と金融不安が引き起こされた翌月にあたる2008年10月、サトシ・ナカモトと名乗る謎の人物（もしくはグループ）が、暗号資産「ビットコイン」についての論文をインターネット上で発表して注目を集めました。

同論文では、リーマンショックのような金融危機が発生した際に起きるリスクと中央銀行が管理する既存の金融システムの欠陥が鋭く指摘されており、その代替策として暗号と分散台帳を活用した新しい金融システムが提唱されていました。この提唱に触発されたエンジニアたちが実装をすることになります。

サトシ・ナカモトによって「ビットコイン」という新しい通貨の形（暗号資産）のアイデアが提唱され、それを支えるために発明された、取引情報が分散して台帳に記録される仕組みの技術がブロックチェーンと呼ばれます。だから、ビットコインとブロックチェーンは非常に密接な関係なのです。

## 2020年以降の暗号資産の盛り上がり

暗号資産を取り巻くここ数年の動向や反応を探ることは、いわばWeb3の未来のリトマス試験紙になりえます。

国や中央銀行などの特定の管理者を介さずにインターネット上でやり取りできる暗号資産は、今や「新時代の貨幣」として市場で大きな存在感を発揮しています。最初にブロックチエーンを実装した暗号資産「ビットコイン」に熱狂している著名人は、テスラやスペースXのCEOで、2022年に米『フォーブス』誌が発表した世界長者番付でランキング1位になったイーロン・マスク氏を筆頭に、決して少なくありません。

また、自動実行される契約を作ることができる「スマートコントラクト」の機能が実装されたイーサリアムの台頭によって、さらに勢いが増しています。イーサリアムのブロックチェーンをもとにしたサービスが数多く生まれていることが、そのインパクトといえるでしょう。

その勢いを知るための一端として、2020年以降に暗号資産の界隈で起きた大きな動きを振り返ってみましょう。

2021年2月には、テスラが、約15億ドル相当のビットコインを購入して話題を集めました。ちなみに、直接には関係していませんが、テスラはその約8カ月後、時価総額1兆ドルの大台を超えて、GAFAMに並ぶ巨大企業グループの仲間入りを果たしています。

同年4月には米国の暗号資産取引所「コインベース」がNASDAQに上場を果たしました。

さらに同年8月、コインベースは三菱UFJ銀行をパートナーとして日本に初進出を果たしており、提携の結果がどうなるのか注視されています。

もちろん華々しいニュースばかりではありません。暗号資産は価値変動が激しく、現時点では使い勝手も決していいわけではないため、この間にも下落や低迷を繰り返している不安定な相場であることもまた事実です。

実際、暗号資産に懐疑的な眼差しを向けている投資家も少なくありません。マイクロソフトの共同創業者で世界4位の富豪でもあるビル・ゲイツ氏は、「デジタル通貨を一切所有していない」と一貫して公言しています。著名な投資家であるウォーレン・バフェット氏が率いる投資会社「バークシャー・ハサウェイ」も、暗号資産への投資は現時点ではまだ行っていません。

## ビットコインを法定通貨にする国も登場

このように、まだ評価が定まっていない暗号資産ですが、暗号資産の始祖であるビットコインを自国の法定通貨にする国々も現れています。

中米の小国エルサルバドルは２０２１年９月、世界で初めてビットコインを法定通貨に採用しました。

紛争の傷跡により政治・経済ともに長らく不安定な状態に陥《おちい》っていた同国でしたが、2019年に30代で就任した1981年生まれのナジブ・ブケレ大統領は、その不利な状況を逆手《さかて》に取るかのように実験的な試みに着手しています。

他の中南米諸国と同様に、エルサルバドルは米国への政治・経済面での依存度が非常に高いことで知られています。同国は2001年に法定通貨を米ドルに切り替え、自国通貨を発行せず、米ドルが流通する状態をおよそ20年間続けてきました。そのため、自国の経済状態に関係なく、米国の金融政策の影響を常に強く受けてしまう不利な面がありました。そうした背景も、ビットコインの導入を後押しした要因の一つでしょう。

ブケレ大統領は「現状のドル化体制の変更には至らないが、デジタル化推進の中でドル体制に一矢報《いっしむく》いる政策を意識した」と公言しています。

エルサルバドルに限った話ではありませんが、既存システムの不完全さが浮き彫りになる政局の混乱期は、実は新しい技術や手法を試す絶好のタイミングでもあります。どんな国、いつの時代であっても、人は平時には既存のシステムを変えようとはなかなか思い至りません。切実な動機がそこに存在しないからです。

しかし、新しい変革を激しく求める国の混乱期であれば、そこに正当な理由が生まれます。種子島に伝来した鉄砲という新しい兵器が、戦国の乱世の勝敗を決定付けたように。新型コロナウイルスの世界的流行によってリモートワークが一気に定着したように。歴史を振り返れば、いくつもの事例を見ることができます。

## 「リープフロッグ現象」を起こす可能性も

エルサルバドルの動きに追随する国々も早々に現れ始めています。

２０２２年４月には中央アフリカ共和国がビットコインを法定通貨にする法案を全会一致で承認しました。１９６０年にフランスの支配から独立した同国は、これまでフランスが支援するＣＦＡフラン（周辺国との共通通貨）を通貨にしてきましたが、国内紛争が長引く中で、やはり思い切った一手に出ざるをえない背景があったのでしょう。

南太平洋のトンガ王国も、２０２２年中にビットコインを法定通貨にすべく動き始めています。

もちろん、世界的に見ても前衛的な取り組みですから、いずれの国でも内外の専門家や市民から反発や懸念を表明する声が挙がっています。「最先端のテクノロジーを導入するより先にすべきことがあるはずだ」という意見も確かに正論でしょう。

しかし、視点を変えると、世界には銀行口座を持てないために金融サービスにアクセスが困難な「アンバンクト層」が20億人以上もいるといわれています。暗号資産が法定通貨になることで、こうしたアンバンクト層がスマートフォンのアプリを通じて送金できる仕組みが整備されていく可能性もあるでしょう。ＧＤＰ上昇などの経済効果も期待できるかもしれません。

開発途上国が最先端技術を導入することによって、既存の技術やシステムで成長を遂げてきたがゆえになかなか新しい技術への切り替えができない先進国を部分的に追い抜くことを、カエル跳《と》びに喩《たと》えて、「リープフロッグ現象」といいます。暗号資産が開発途上国の発展に大きく貢献できる可能性は決して低くはないはずです。

今後も、旧来の資本主義の仕組みを新しいテクノロジーで改善しようと試みる国はますます増えていくでしょう。

## 管理者不在でお金の回転速度が上昇する「ＤｅＦｉ」

Ｗｅｂ３領域における新しい金融サービスとして、近年耳にする機会が増えたのが「ＤｅＦｉ（Decentralized Finance／ディーファイ）」でしょう。

「分散型金融」と訳されるＤｅＦｉは、インターネット上に誕生した新しい金融システムです。

証券会社や銀行が介在しなくても運営を行える非中央集権型の金融アプリケーション、それがＤｅＦｉです。

ＤｅＦｉにはいくつもの特徴があります。

まず、管理者が不在であること。

特定のプラットフォームに依存することなく、また銀行や証券会社が不在でも金融サービスが成り立つため、その分だけ人件費などのコストが浮き、利回りに加算され、手数料などが格安で済みます。

また、実店舗のような存在がなく、すべてがオンライン上で、第三者の仲介なしに行われる仕組みのため、金銭のやり取りのタイムラグが短縮され、価値の交換がスピーディーに行えるようになります。そのため、お金の回転速度が上がります。

例えば、クレジットカードで支払いをすれば、処理から入金までに数週間から1カ月程度かかるのが普通でしょう。DeFiであれば、製品やサービスの購入から入金までにかかる時間を短縮できます。市場を行き交うお金の回転速度が上昇することは、経済全体の活性化にもつながっていくでしょう。

その反面、何かトラブルが起きても自己責任であり、サポートや補償がないというリスクがあります。また、コンピュータの稼働による莫大《ばくだい》な電力消費、それによる二酸化炭素の排出量、電子廃棄物の量も問題視されています。

## DeFiはいわば「ウィキペディアの金融版」

DeFiの構造をシンプルに捉えるには、やや簡略化しますが、「ウィキペディアの金融版」と考えるといいでしょう。多数の一般ユーザーが参加することによって、自動的に秩序が保たれる構造という意味では、どちらも同じです。

これまでは中央だけが管理・コントロールしていた金融の世界が、自動化・オープン化していくことによって、より効率的で、透明性が高い金融サービスへと変わっていく。それがDeFiです。

このように、ブロックチェーンの特性を活かした、従来の金融システムにない多数のメリットを持つDeFiですが、仕組みの基盤となっているのはイーサリアムなどに実装されているスマートコントラクト機能です。

**スマートコントラクトは、ブロックチェーンに記録されている取引データと連動して、契約事項を自動実行してくれる技術**です。機能を活用することで、人が介在することなく、ユーザーは指定された取引を実行することができます。

スマートコントラクトは、金融サービスだけでなく、第3章で解説する組織運営形態「DAO（分散型自律組織）」の基盤技術でもあります。

政府が集計する統計データすらも一部書き換えることが可能な昨今では、中央集権のシステムに代わる新たな存在に注目が集まっています。透明性を向上できるDeFiは、その可能性を秘めた仕組みなのです。

## 「脱中央集権化」による新たな秩序を目指して

ブロックチェーンを読み解くキーワードは「脱中央集権化」である、と先に述べましたが、Ｗｅｂ３に熱視線が集まる理由の一つは、まさしくここにあります。

そもそもブロックチェーンが誕生するきっかけとなったビットコインの開発思想自体が、リーマンショックで露呈した既存の金融システムの不安定さに対するアンチテーゼでした。有志たちによって運営されるＤｅＦｉも、どこの国の管理下にも置かれていないコミュニティです。

ブロックチェーンを活用して「脱中央集権化」を進めることで、ＧＡＦＡＭが上位を独占するビジネスの領域に新たな秩序をもたらす。

多くの人々が新たな希望としてＷｅｂ３に目を向けているのは、希望と同様に現実が進むかどうかは別ですが、このパラダイムシフトへの期待からでしょう。

ＧＡＦＡＭのような一部のテック企業などのＡＰＩ（アプリケーション・プログラミング・インターフェース）などを活用し、消費者も情報の発信者となるのがＷｅｂ２・０の世界です。

これに対して、**一部の企業に頼らずに、ブロックチェーンをAPIのように組み込み、認証や決済、各種手続きなどを実装した状態への移行を目指しているのがWeb3の世界**といえるでしょう。

Web1・0からWeb3の枠組みを極端に簡略化して、「地図サービス」に置き換えて捉えてみましょう。

Web1・0は、単に地図の画像をそのまま載せたものでした。

続くWeb2・0は、グーグルマップのように、全地球測位システム（GPS）や消費者の口コミ、様々な予約サービスなどが使える地図サービスです。

Web3では、それらに加えてブロックチェーンを活用することで、決済や土地の登記まで も管理者不在でできるようになった地図サービス、とイメージするとわかりやすいのではないでしょうか。

## 駅前の銀行支店が消えていく

ブロックチェーン技術が応用できるのは暗号通貨の世界だけではありません。プラットフォームのあり方も当然大きく変わっていくはずです。

ブロックチェーンを活用してデータを分散管理するネットワークが構築されるようになれば、日常生活にまつわる多種多様なサービスが今より格段に効率化されていくでしょう。

例えば、自治体が管理している戸籍謄本《こせきとうほん》を、わざわざ営業時間内に役所まで取りに行くような手間はなくなります。ブロックチェーンの仕組みを使って記録をしておけば、戸籍謄本のデータを正しく認証することが、より効率化された形で可能になるからです。

各種証明書や不動産、貿易、金融関係の手続きなども同様です。左から右へと書類をチェックして流していくような単純な業務は、Ｗｅｂ３の世界では遅かれ早かれなくなっていくでしょう。

もちろんセキュリティの観点からいえばハッキングのリスクはゼロではありません。しかし、問題点をクリアにしていくたびに、セキュリティシステムはさらに強化されていくはずです。

Ｗｅｂ３の世界が実現すれば、様々な業界が変革を迫られていくでしょう。

とりわけ切実な存続の危機に立たされるのは金融機関です。ブロックチェーンが広く一般に普及すれば、「通貨を仲介する」という銀行の存在意義そのものが根本から問われるのですから、これは必然の流れです。

今、駅前に並んでいるような銀行の支店は、近い将来、消えていく可能性が高い。スマホやそれに変わるデバイスが手元にあれば、金融サービスにそれぞれがアクセスできるようになるからです。

ネット銀行やネット証券を普段の生活で活用している人であれば、実店舗がなくても特に問題がないことは体感としてすでにわかっているはずです。

その市場規模も急拡大しています。ＤｅＦｉでの取引量が急増し、金融庁や日本銀行も調査リポートを積極的に発行しています。

## 1人1票の時代が変わる？

選挙の形もまた、ブロックチェーンによる変革の可能性を大いに秘めています。

生体認証やブロックチェーンを活用してのネット投票が可能になれば、立会人や投票会場での説明は、当然、必要性が低くなります。これまでは準備に時間と手間がかかっていた国民投票すらも、低コストでできるようになるでしょう。

それによって、国民投票を頻繁《ひんぱん》に行えるようになるかもしれません。投票コストが下がることは、有権者の政治への参加意欲・関心を上げることにもつながる可能性があります。

さらにもう一歩踏み込めば、「1人1票」という票配分自体にも再考の余地が生じるかもしれません。

例えば、「福祉の分野であれば、専門知識と知見を持つ○○さんに自分の票を託そう」と思えるオピニオンリーダーのような人が見つかれば、その人に自分の票の一部、例えば0・5票分を渡すといった、これまでにない投票の形もいずれ実現するかもしれません。

年齢に応じて投票券に重み付けをするシステムも可能になるでしょう。

100歳まで生きるという前提に立ち、投票者の年齢が60歳であれば100から年齢を引いた40ポイントを加算。20歳であれば80ポイントを加算する。つまり、年齢ポイントによって、より長く政策の影響を受けながら生きるであろう有権者の民意が反映されやすくなる仕組みができる、ということです。

もちろん、その実現のためには、若い世代が正しく現状を認識し、選択肢を把握しておくことが必須条件になるでしょう。

地域ごとに代表を選ぶのではなく、年齢層や職業ごとに代表を選ぶことも、ブロックチェーンを使ったネット投票なら実現可能性が高くなります。

## Web3は本質的に既存の国家の枠組みと相性が悪い

このように多様な投票システムが発展していき、究極的には各分野に最適な人材を自動的に選べる制度設計のシステムができてしまえば、新陳代謝は確保するとして、そもそも既存の形での選挙自体が不要になる可能性すらも十分にあります。

何のために選挙をするのかというと、民意を考慮し、国、もしくは地方自治体がより正しい意思決定をするためです。その意思決定を実現できる新技術が導入されれば、選挙という既存システムにこだわる必要もなくなるでしょう。

民主主義が誕生した古代ギリシアやローマには、当然ながらブロックチェーンのような技術は存在していませんでした。だからこそ、現在の民主主義モデルが確立されたのです。

Ｗｅｂ３は、現時点では「流行り言葉」として普及している側面が大きいためか、最近では現職の政治家が「国家としてＷｅｂ３をどんどん進めていこう」と公言している姿も見かけるようになりました。

けれども、Ｗｅｂ３の基盤となっているのは、「非中央集権的」な性質を持つブロックチエーンです。つまり、Ｗｅｂ３を推進するということは、現在のように政府が国の中枢《ちゅうすう》に位置する中央集権的システムとはまったく異なる姿にしようということなのです。Ｗｅｂ３の本質を理解できている人であれば、この展開は容易に想像できるのではないでしょうか。

もしかすると、Ｗｅｂ３の流行の延長線上で、私たちは近い将来、「民主主義とは何か？」という大きな命題に向き合うことにもなるかもしれません。

Ｗｅｂ３それ自体は曖昧な概念ですが、新しい技術に取り組もうとする姿勢には意味があります。それを鏡のように使って政治や政府の現実を映し出すことで、見えてくる課題はあるはずです。

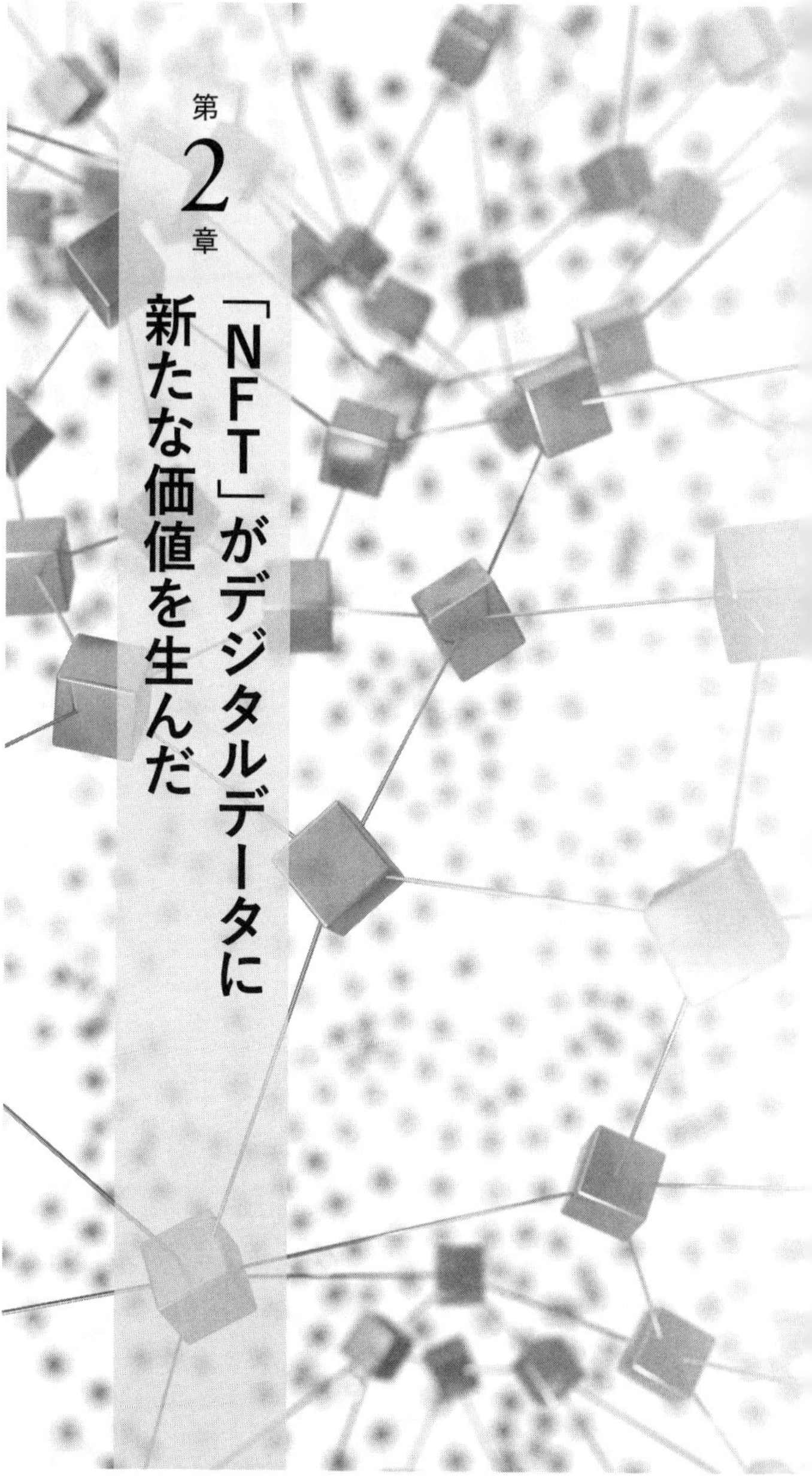

# 第2章
# 「NFT」がデジタルデータに新たな価値を生んだ

## NFTの最大の特徴は希少性を作ること

第1章では、Web3の核にある確かな技術、ブロックチェーンについて述べました。本章では、ブロックチェーンの活用法の一つとして注目が集まっている「NFT」について解説していきましょう。

NFTは、「Non-Fungible Token」の頭文字を取ったもので、日本語では「非代替性トークン」と訳されています。

トークンとは、簡単にいうと「しるし」です。NFTは、ブロックチェーンを用いた、偽造や複製が困難な鑑定書・証明書（作り手を示す署名のようなもの）を意味します。

そう聞いても、言葉からだけでは意味をつかみづらい用語でしょうから、順を追って解説します。

第1章でも述べたように、ブロックチェーンとは、改竄が非常に難しいデータベース技術の一種です。同じデータを複数のコンピュータに分散して管理し、新規のデータをそれら複

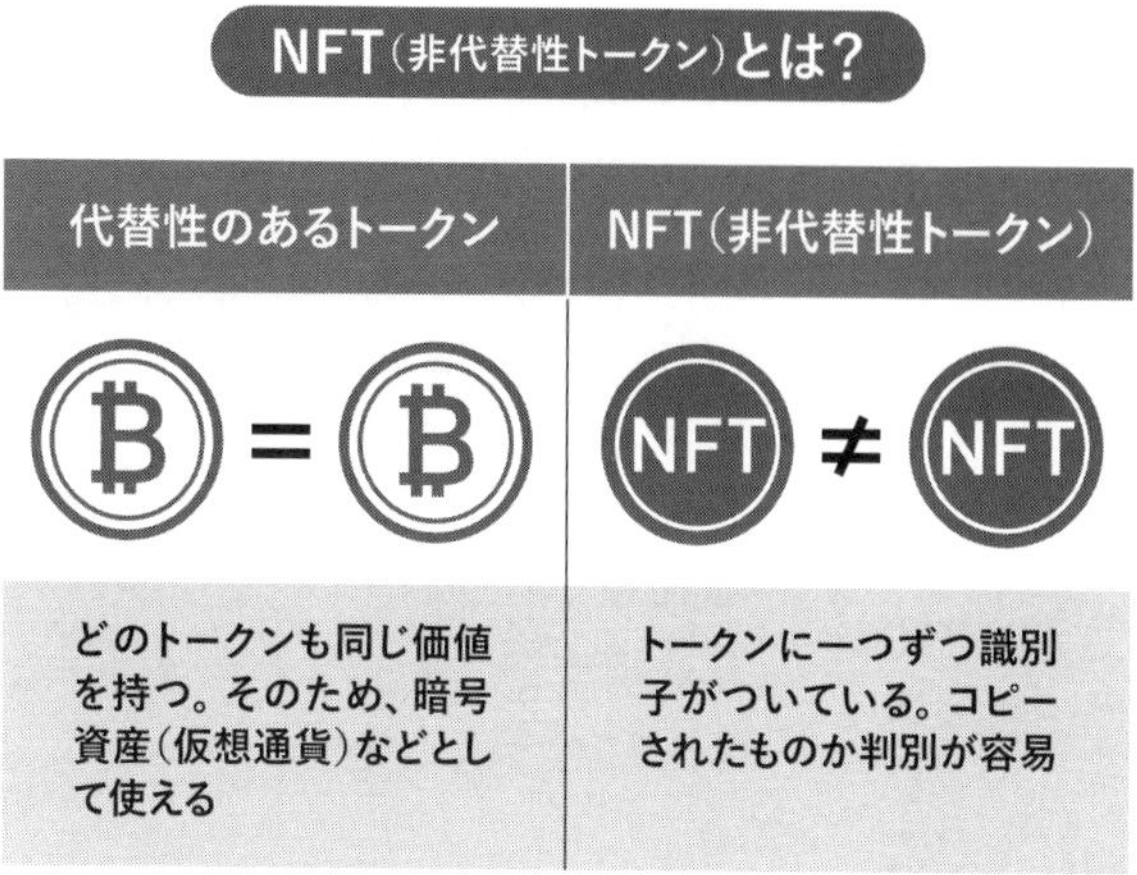
NFT（非代替性トークン）とは？
代替性のあるトークン
NFT（非代替性トークン）
NFT
≠
NFT
どのトークンも同じ価値を持つ。そのため、暗号資産（仮想通貨）などとして使える
トークンに一つずつ識別子がついている。コピーされたものか判別が容易

数のコンピュータが認証することで、改竄を防止する仕組みになっています。

２００８年に暗号資産「ビットコイン」のアイデアが生まれ、それを実現するための仕組みとして生まれたのがブロックチェーンでした。

ビットコインのような暗号資産もトークンの一種ではありますが、代替性があるため、ＮＦＴではありません。誰が持っていても1ビットコインは1ビットコインであり、同じ価値を有しています。アナログの紙幣や硬貨も同じく、代替可能なお金です。どの1万円札も価値は等しく1万円であり、各々の紙幣に唯一性はありません。

それに対してＮＦＴは、代替できないことを示すデジタルデータです。記念硬貨など、代替性が低いがゆえに、５００円硬貨が５００円以上の価値を持つことがあります。これが参考としてイメージしやすいのではないでしょうか。
NFTは、すべてのトークンに識別子と呼ばれるものがついているため、代替できないオリジナルトークンとして発行することができます。普通のデジタルデータは区別がつきませんが、NFTであれば、識別子によって判別ができるのです。

つまり、コピー&ペーストが簡単にできて拡散できることに価値があったデジタル、インターネットの世界に、希少性という付加価値をもたらしたのがNFTなのです。

**本物と多数のコピーが混在していたデジタルの世界に、希少性を提供する機能が生まれた。**

これこそが、NFTの画期的なポイントです。
そして現在、NFTの非代替性と需要が相乗効果となって、新たな価値を生み出すことが期待されています。

## 猫ゲームがきっかけでNFTブームが到来

NFTが市民権を得るようになったきっかけはゲームでした。

当初はビットコインやイーサリアムのような暗号資産の基盤技術として始まったブロックチェーンでしたが、やがて応用領域が広がっていくと、エンタテイメントの世界でも使われるようになります。

２０１７年にリリースされた『クリプトキティーズ（CryptoKitties）』というオンラインゲームがあります。

猫のキャラクターを売買してコレクションしたり、交配させて新しいキャラクターを生み出したりするこのゲームは、『たまごっち』の育成感覚と『ポケットモンスター』の交換による醍醐味《だいごみ》、両方の要素を掛け合わせたような楽しみ方ができるゲーム、といえばイメージが伝わるでしょうか。

設定自体は非常にシンプルなゲームですが、従来のゲームとは違う点がありました。それは、ブロックチェーンを用いて作られたゲームだということです。

このゲームで遊ぶための準備として、プレイヤーは暗号資産であるイーサリアムを購入します。そしてイーサリアムを用いて、猫の売買や交配、交換などを行い、報酬を増やしていくのです。

猫のキャラクターには1匹ずつ、ブロックチェーンに紐付《ひもづ》けられた識別情報が記録されているため、それぞれが代替できない価値を持っています。つまり、ＮＦＴになっています。

この『クリプトキティーズ』が爆発的にヒットしたことによって、それまで一部の人にしか知られていなかったNFTの認知が一気に拡大しました。

2018年にはNFTの取引プラットフォーム「OpenSea（オープンシー）」が登場。NFTの売買に関するデジタル経済圏のプラットフォームが、ここから拡大していきます。

## NBAのプレイシーンに2270万円の価値が！

ゲーム領域以外で、NFTで最初に大きな商業的成功を収めたのは、全米プロバスケットボール協会（NBA）でしょう。正確には、NBAのデジタル・トレーディングカード「NBA Top Shot」です。

「NBA Top Shot」は、これまでモノとしての実体があったトレーディングカードをデジタル化し、ブロックチェーンを応用することで「一点物」の希少価値をつけた、デジタル上のトレーディングカードです。

サービス運営を手掛けているのは、前述の猫ゲーム『クリプトキティーズ』の運営元でもあるダッパーラボ（Dapper Labs）社です。

「NBA Top Shot」にはNBA選手のプレイの15秒程度のハイライト動画が収められており、クレジットカードを所有している人であれば誰でも気軽にオンライン上で購入できます。

ネットショッピングの感覚で誰でも購入できるデジタルトレカは、NBAファンの間で瞬く間に広がりました。

ロサンゼルス・レイカーズのレブロン・ジェームズ選手がワンハンドダンクを決めたスーパープレイ動画は、約2270万円の高額で落札されてニュースとなりました。

ちなみに、ジェームズ選手は「NBAのキング」との異名を持ち、米スポーツメディア『SPORTICO』の調査による世界アスリート長者番付（2022年版）において1位を獲得しています。

以前からデジタルテクノロジーの導入に積極的だったNBAですが、「NBA Top Shot」はその目論見《もくろみ》が見事に当たったといえるでしょう。米『フォーブス』誌が選んだブロックチェーン分野の有力企業50社のリスト「ブロックチェーン50」2021年版にも、NBAは唯一のスポーツ団体として選ばれています。

## 数千万円が動くスポーツコレクタブルの世界

「15秒ほどの短い動画に、なぜ数千万円もの大金を?」

そんな風に驚かれる方もいるかもしれませんが、これはNBAだけの特別な話ではありません。

野球好きの方であれば、日本のプロ野球に置き換えて考えてみると感覚がつかめるはずです。

かつてミスター・タイガースと呼ばれた掛布雅之《かけふまさゆき》が、ライバル・江川卓《すぐる》が投げた渾身《こんしん》のストレートを打った名場面に自分の名前を刻めたら?

黄金期の長嶋茂雄がサヨナラホームランを打った劇的なシーンに自分の名前を刻めたら?

それぞれの熱烈なファンであれば、特別な価値を見出す心理がきっと理解できるでしょう。

かつて『週刊少年ジャンプ』(集英社)で連載されていたマンガから生まれた『遊☆戯☆王OCG デュエルモンスターズ』というトレーディングカードゲームをご存じでしょうか。

子ども向けのトレーディングカードゲームですが、2011年には「世界一販売数の多いトレーディングカードゲーム」としてギネスに認定されており、レアカードには数百万円の価値がつけられることもあります。

**ほとんどの人は関心がなくとも、熱狂的なコレクターにとっては数百万円を払っても惜《お》しくない価値があれば、それで売買は成り立つのです。**

ファン、マニア、コレクターと呼ばれる人々がいる業界では、収集欲から高額の取引が行われるのは、昔からごく普通にあることでした。古美術や骨董品の世界も同じ原理で成り立っています。

それがＮＦＴによってデジタルの世界で具現化されるようになった、と考えると理解しやすいのではないでしょうか。

ＮＦＴによって、スポーツコレクタブルの世界に新しい形が生まれているのです。

## 日本のプロ野球でも公式デジタルトレカが誕生

日本のスポーツリーグでも、ＮＦＴ事業はすでに始まっています。

プロ野球パ・リーグ６球団の共同出資会社「パシフィックリーグマーケティング（ＰＬ

M）」は、メルカリと連携して、ＮＦＴ事業に参入しています。
「パ・リーグ Exciting Moments β（エキサイティング・モーメンツ・ベータ）」と名付けられた新サービスでは、パ・リーグ６球団の試合映像から選んだ名場面などの動画コンテンツを数量限定で販売しています。

ＰＬＭでテクノロジーアドバイザーを務めていた筆者も、日本のスポーツリーグで初の試みとなるこの連携に、ローンチ前から関わってきました。

近い将来は、球場やスタジアム内にＮＦＴ保有者限定エリアを設け、入場時にウォレットで認証するなどの「会員権」代わりのような使い方も可能になるかもしれません。

ディー・エヌ・エー（ＤｅＮＡ）もまた、ＮＦＴを活用して開発したデジタルムービーコレクションサービス「PLAYBACK 9（プレイバック ナイン）」において、横浜ＤｅＮＡベイスターズの試合シーンの動画をコレクションできるサービスを開始しています。

埼玉西武ライオンズ、阪神タイガースなどの各球団も続々とＮＦＴサービスの構築に取り組んでいます。

楽天グループも、スポーツや音楽、アニメなどを含めたエンタテイメント領域で、ユーザーがＮＦＴの発行・販売ができるプラットフォーム「Rakuten NFT」の開発を進めています。

新型コロナウイルスの感染拡大の影響を受けて、観客数を制限しなければならなかったスポーツ業界にとって、NFTビジネスは新しい収入源になりえます。日本のスポーツ業界でも、NFTを使うことで、球場外でファンとの新しい関わり方ができる余地は大きいでしょう。

## スポーツに特化したNFTマーケットプレイスも

国内のスポーツ関連でいうと、2022年2月には、スポーツ動画のストリーミングサービスを手掛ける「DAZN（ダゾーン）」が、ミクシィとタッグを組んで、スポーツに特化したNFTマーケットプレイス「DAZN MOMENTS（ダゾーンモーメンツ）」を開設することが発表されました（3月にβ版のサービスを開始）。

近年のミクシィは、スポーツメディアを買収したり、FC東京を子会社化したりするなど、スポーツ事業に力を入れています。スマホゲームやSNSで培《つちか》ったユーザーとのコミュニケーションのノウハウを、スポーツ事業にも活用していける余地があります。

ＰＬＭとメルカリ、ＤＡＺＮとミクシィ、両者ともに、ダッパーラボの次世代ブロックチェーン「Ｆｌｏｗ」を基盤に開発を進めています。いずれも将来的には、ユーザー同士の売買（二次流通）によってＮＦＴの発行者にも利益が還元される仕組みを作っていくことも狙いの一つでしょう。

ＮＦＴがビジネスになるのは、熱狂的なファンが一定数いる領域です。熱心なファンの収集欲をどう掻《か》き立て、どう深く関わっていくか。新規のファン層をどう拡大していくか。

そうしたエンゲージメントの視点から、ＮＦＴを試験的に導入する企業は、今後、さらに増えていく可能性があります。

ただし、ＮＦＴのいいところばかりを強調する無責任な人の煽《あお》りにより、詐欺《さぎ》が横行して持続性が欠けてしまう可能性も低くはありません。ここから数年の動向によって、ブームを超えて定着するのか、一過性で終わるかが見えてくるでしょう。

## 現実には履けないバーチャルスニーカーが人気に

大手スポーツブランドの業界でも、NFT関連の事業がすでにビジネスになりつつあります。

ナイキは2021年末に、CGスニーカーなどのバーチャルアパレルを手掛けるスタートアップ企業「RTFKT（アーティファクト）」を買収。バーチャル空間でアバターが「本物」のナイキのスニーカーを履《は》ける仕組みの整備を始めています。

3Dモデリングを行えば簡単にコピー品ができてしまうバーチャル空間だからこそ、希少性の価値を先んじて示すことで、自社のブランドを守ろうと試みているのではないでしょうか。

また、2022年4月から、初のNFTスニーカーコレクション「RTFKT x Nike Dunk Genesis CRYPTOKICKS」の販売を開始しています。バーチャル空間で着用できるシューズコレクションの価格は、1点あたり約42万円から。現実世界では履けないバーチャルなスニーカーであっても、所有・収集することや、将来、他の人が高値で購入するであろうことに価値が見出されているのです。

すでに二次流通市場も急拡大しており、マーケットプレイスではレアな価値があるアイテムが高値で取引されています。

同じくスポーツ用品大手のアディダスも、ブランド初となるNFTコレクション約3万点を発売したところ、直後に完売して約26億円相当の売上を達成しました。特典として同社のメタバース空間へのアクセス権や限定商品をつけたことも、ユーザーにとって新鮮に感じられたのではないでしょうか。

最近はリモートワークの普及などにも後押しされて、リアル（対面）で会って話すよりも、SNSやチャットツールなどで会話をしたり、相手の近況を知ったりする人々が、若い世代に限らず増えてきています。リアルよりもバーチャルなコミュニケーションで過ごす時間や比重のほうが上がってきていることが、バーチャル空間で使うアイテムのニーズが高まっている背景にあります。

メタバースでアバターが着用する服やグッズなどを提供するサービスは、そのエコシステムに人が集まり続ければ、今後さらに増えていく可能性があります。レアグッズを身に着けているアバターほどメタバース内でのステータスが上がる、という展開もありえるかもしれません。

## SNSのアイコンをNFTにすることも

メタバースの拡大とNFTの普及はよくセットで語られますが、それ以前に、NFTへのもっと身近な入り口としてはSNSのプロフィール画像をNFTアイコンにする方法があります。

Twitterは有料サービス「Twitter Blue」のプレミアム機能の一つとして、アイコンを六角形のNFTアートにするサービスを提供している

例えば、最近、ツイッターで、アイコンが六角形で表示されているアカウントを見たことはありませんか？　デフォルトの円形ではなく、六角形のシルエットになっているアイコンは、NFTであることを示すもので、希少性の証明です。「このアカウントのアイコ

ンはＮＦＴなんだ」ということがひと目で他のユーザーにアピールできることが、ツイッターというコミュニティにおいて、ステータスの一種としても機能しています。

公開型グループ機能「オープンチャット」など、様々なコミュニケーションの形を模索《もさく》してきたＬＩＮＥも、ＮＦＴ事業に乗り出しています。

２０２２年４月から始めたＮＦＴマーケットプレイス「ＬＩＮＥ ＮＦＴ」は、ＬＩＮＥユーザーであれば誰でも簡単にアカウントを開設でき、１００種類以上のＮＦＴから自分の好きなコンテンツを購入して、プロフィール画像として設定できます。購入後は友人との交換や販売も可能です。

ＬＩＮＥが手掛けるブロックチェーン「LINE Blockchain」上で発行されたＮＦＴを使うため、ガス代（利用時の取引手数料）は無料。購入したＮＦＴを友人と送り合うこともできるため、ブロックチェーンの知識がないユーザーでも気軽に取引できるサービスといえるでしょう。

## 「移動や遊びで稼ぐ」のは要注意

また、NFTのデジタルスニーカーをアプリで取得し、現実の世界を歩いたり移動したりすることでゲームトークンを稼げるライフスタイルアプリが、日本でも注目を集めています。

スマートフォンのGPS機能と連動させることで、歩いた距離や歩数などに応じて暗号資産を獲得できる「Move to Earn（移動しながら稼げるゲーム）」というコンセプトは、今後もエンタテイメント領域で広がっていく可能性を秘めています。

近いコンセプトの一つに、「Play to Earn（遊びながら稼げるゲーム）」という、ブロックチェーンを使ったゲームもあります。

従来のゲームは、そのバーチャル空間の中だけで遊ぶことが目的でした。しかし、Play to Earnのゲームは、バトルの報酬などをトークンやNFTで獲得し、それを売却すれば実際にゲームの外の世界でもお金として使えるという点がポイントです。

ただ、遊ぶために初期投資が必要なものや、初期のユーザーの入金を単に他のプレイヤーに配分するものは、いわゆるポンジスキーム（投資詐欺）です。まともに機能するものであれば、広告や、データを活用したビジネスなどが関わっていて、そこから収益を得て配分する必要があります。もし新たに関与する場合は注意してください。稼ぐつもりが、大損することになりかねません。

## 75億円のNFTアートが世界に与えたインパクト

アートもまた、NFTの活用が進んでいる領域です。

2021年3月、国際的なオークションハウス「クリスティーズ」で、デジタルアーティスト・BeepleのNFTアート作品『Everydays: The First 5000 Days』が、6935万ドル（約75億円）という破格の値で落札され、一躍世間の注目を集めました。

現存のアーティストでは、ジェフ・クーンズの彫刻『ラビット』の9107万ドル、デイヴィッド・ホックニーの絵画『芸術家の肖像画　プールと2人の人物』の9031万ドルに次ぐ、歴代3位の落札額であり、オンラインのみのオークションでは過去最高額という歴史的な出来事になりました。

このニュースを耳にして初めて「NFTって何？」と知った人も多いのではないでしょうか。

『Everydays: The First 5000 Days』はその名の通り、作者が毎日作り続け、ツイッターで共有してきた作品をまとめたデジタルコラージュです。計5000点の作品からできており、1点あたり平均で150万円という計算になります。

250年以上という歴史を持つ老舗《しにせ》オークションハウスが、デジタルを活用して新しいマーケットに進出したこと。

NFT化されたことで「希少性」を持ったデジタルアート作品が、歴代3位という異例の高値で競《せ》り落とされたこと。

クリスティーズの75億円落札ニュースのポイントは、この2点でしょう。

アートはもちろん、NFTなどの最新テクノロジーに興味がない人々にも大きなインパクトを与えたこのニュースは、NFTの認知を一般層にまで拡大させるという意味で大きな役割を果たしました。

## マッチポンプだった側面を差し引くと？

ただし、『Everydays: The First 5000 Days』の75億円のインパクトは、落札者が世界最大のNFTファンド「Metapurse」の創設者だったという点を考慮すれば、純粋にアートとしての価値のみで評価されたとは、やはり言い切れないでしょう。

ＮＦＴブームの起爆剤となった一方で、この取引自体にマッチポンプの側面もあったという事情を差し引いて、冷静にＮＦＴビジネスを見るべきです。


アートとＮＦＴの相性がいいのかは、今後の定着度合いによるでしょう。

デジタルアート自体は、コピーしようと思えばいくらでも可能ですが、ＮＦＴ化されていれば、コピーが区別できます。ＮＦＴに紐付く人を限定することができます。

また、実物のアートは贋作《がんさく》が作られたり鑑定書が偽造されたりするなどの可能性がゼロではありませんが、ＮＦＴアートであればコンテンツの所有者や売買の履歴が残りやすいため、アップロードする際などのチェックが機能すれば、贋作かどうかを見破れる可能性が高まります。

また、ウォレットを作成し、ＮＦＴマーケットプレイスのアカウントを作成すれば、誰でも簡単に購入・販売を始められる敷居の低さも特長です。

いずれはOpenSeaなどのＮＦＴマーケットプレイスが、画廊やアートギャラリーの代わりに機能する未来もありうるかもしれません。

## ハイブランド×NFTの異色コラボも

意外なところでは、世界的なラグジュアリーブランドの「ティファニー」がNFT分野へ本格参入したニュースも話題になりました。

ティファニーは米国の現代アーティストであるトム・サックス氏のNFTコレクション「ロケットファクトリー（Rocket Factory）」を115イーサリアム（約4700万円）で購入。NFT市場を活気付けました。

ルイ・ヴィトンもNFT事業に力を入れています。創業者ルイ・ヴィトンの生誕200周年を記念したプロジェクトの一環として、ゲームアプリ「LOUIS THE GAME」を開発。メゾンのマスコットであるヴィヴィエンヌを主人公にしたこのゲームの中にはNFTアートが30作品含まれており、うち10作はBeepleが制作したものという力の入れようです。

また、グッチも米アート・トイメイカー「スーパープラスチック」とのコラボレーションによってNFTを発行しています。

バレンシアガ、プラダ、カルティエなどの長い歴史を持つブランドも、それぞれにＮＦＴ事業への参入を表明しています。各ブランドともに、デジタルスニーカーと同様、ＳＮＳやゲームのアバターなどと親和性が高いデジタルファッション・デジタルウェアの市場を視野に入れて動き始めているのでしょう。

ファッションやアパレル分野におけるＮＦＴ事業は、今後、定着するか、期待値が高すぎることで幻滅が起こり盛り下がるかの、どちらかと予測されます。

ハイブランドとゲーム、ハイブランドとＮＦＴという組み合わせは、これまでの業界の常識からは明らかに外れていますが、今後は新作発表会などでＮＦＴを絡めたイベントが、一つの形として、新規性をアピールするかもしれません。

## 音楽を1音ずつ切り離してマネタイズすることも可能に

音楽の世界にもＮＦＴの波が到来しています。

音楽家の坂本龍一氏は、自身も出演した映画『戦場のメリークリスマス』のテーマ曲

『Merry Christmas Mr. Lawrence』の主旋律のメロディーを右手で弾いたものを1音ずつデジタル上で分割、NFT化して、マーケットプレイス「Adam byGMO」で1音あたり1万円で販売したところ、海外からアクセスが殺到してサーバーがダウンするほどの反響がありました。

音楽家が自身の曲を1音ずつNFT化するという試みは、おそらく世界的に見ても珍しい試みだったのではないでしょうか。

かつての音楽CDには限定版という概念がありましたが、ストリーミングが主流となり、収益構造が大きく変わった昨今、NFTはクリエイターにとって新たな自己表現とマネタイズの場にもなる可能性を秘めています。

音楽に特化したNFTプラットフォームも登場しています。

2021年に著名な音楽家たちが参加して開発された「OneOf（ワンオブ）」は、ワーナーミュージックグループと提携し、音楽コンテンツのNFT化を積極的に推進しています。

また、毎年米国の砂漠地帯で開催されている世界最大規模の音楽フェス「コーチェラ・フェスティバル」も独自のNFTマーケットプレイスを立ち上げ、ユニークな10種類のNFT

コレクションの販売をスタートしました。いずれも、コーチェラ・フェスティバルに一生参加できる「生涯パスポート」の他に、様々な特典がついてきます。

最高ランクの「Infinity Key（無限の鍵）」の価格は27万ドル（約3101万円）。コーチェラメインステージの1アクトの正面席の確保、フェスティバルへの送迎、プロのシェフが調理した食事、飲食チケットなどが含まれる超豪華チケットです。

こうした音楽フェスにおけるNFT商品の取り組みは、今後日本の音楽フェスも追随していくのではないでしょうか。

## マンガの世界にもNFTの波が到来

日本が誇るポップカルチャーの筆頭格・マンガ文化の世界でも新たな動きが起きています。

出版大手の講談社はコミック誌『ヤングマガジン』の新連載作品をページ分割し、NFT化して販売。読者が購入したページのオーナーになれるという新しい取り組みに挑戦しています。

また、手塚治虫のマンガ作品を管理する「手塚プロダクション」は、2022年より本格始動した公式NFTプロジェクト「From the Fragments of Tezuka Osamu（手塚治虫のかけらたちより）」の取り組みにおいて、マンガ原稿を使用したデジタルNFTアートを販売。純売上の10％を、ユニセフと日本の子どものための組織にそれぞれ寄付することを発表しています。

NFTコンテンツ化という新しい軸が生まれたことによって、各業界のクリエイターとファンの間に、これまでにない新しいつながりが創造されている。出版業界とNFTの関係性は現在、その途上にあるといえるでしょう。

## このまま盛り上がるか？　バブルで終わるのか？

このように、2021年を境に、多くの業界においてNFT事業に乗り出す企業が一気に増加しました。同年にフェイスブックが社名を「メタ」に変更し、メタバースの盛り上がりを後押しする姿勢を明確に押し出してきたことも無関係ではないでしょう。

Web3、メタバース、NFTといったキーワードが飛び交うようになったのも、この頃からです。

ただし、今の勢いのままにＮＦＴ事業が盛り上がっていくのか、それとも一過性で終わるのか、現時点ではまだどちらの可能性もあります。

２０２1年3月、ツイッター創業者であるジャック・ドーシー氏が、自身の最初のツイートをＮＦＴで売り出したところ、２９１万ドル（約3億円）という高額で落札されました。誰でも見ることができるツイッター上にある一つのツイートに、約3億円の価値が見出されたのです。

ところがその約1年後、買い手が世界最大規模のＮＦＴマーケットプレイスであるOpenSeaにこのツイートを出品したところ、最高入札額はたったの約3万ドル（約３８０万円）にまで暴落。あまりにも極端な値崩れのさまに、ＮＦＴへの期待を萎《しぼ》ませた企業も少なくないでしょう。

なお、現在は決済に関わるブロックチェーンの開発も手掛けるジャック・ドーシー氏は、アンドリーセン・ホロウィッツによって人工的に作り上げられたＷｅｂ3のブームには懐疑的です。言葉が独り歩きをしていることを揶揄《やゆ》して、２０２２年6月に、分散化された身分証明を活用する「Ｗｅｂ５」というコンセプトを発表しています。

マニアの間だけで一時的にワッと盛り上がる段階を乗り越えて、さらなる成長を続け、一定のレベルに達するのか。**NFTは、いわゆるキャズム（溝《みぞ》）を越えるかどうかの分岐点に差し掛かっている時期にある**と、私は見ています。

クリスティーズで75億円のNFTアート作品が落札されたのが2021年3月。そこからあらゆる業界にNFTのブームが波及していき、今はようやく先行きの道筋が見えてきた頃合いではないでしょうか。

ただ、NFT化できるコンテンツをすでに持っている企業や大物アーティストらが新規加入することで、さらにもう一巡、二巡の盛り上がりはあるかもしれません。いったんはブームが落ち着いたように見えても、大物が参入することをきっかけに再び市場が加熱することは珍しくないからです。

## ブロックチェーンゲームが国内でも増加の兆し

ゲームやマンガ、アニメなど、コンテンツ産業は日本が比較的優位性を誇ってきたジャンルです。近年は米ネットフリックスなど海外のネット配信大手がユーザー数を伸ばしており、収益が日本に残りにくいという面がありますが、過去には任天堂やソニー・インタラクティブエンタテインメントなどの日本企業が世界のゲーム市場を席巻《せっけん》していた時代もありました。

　ゲーム開発大手の「セガ」は、マイクロソフトとの提携を発表した際に、NFT技術を組み込む可能性がある「スーパーゲーム」構想について言及。マルチプラットフォーム、グローバルな多言語展開、世界同時発売、AAAタイトル（高額の費用をかけた作品）の4条件を満たす5カ年計画の大規模ゲームプロジェクトを進行中であると明かしています。

　リリース予定は2024年以降とされており、詳細はまだ不明ですが、AI技術を持ったスタートアップ企業との協業も予定しているとのこと。どのような形で実現するのか、業界内外から注目が集まっています。

　またセガは、NFT・ブロックチェーンゲーム専業開発会社として2018年に設立された「double jump.tokyo」とも提携し、IP（知的財産）を活用したNFTのグローバル展開も進めています。double jump.tokyoはバンダイナムコ、スクウェア・エニックスともNFTコンテンツ関連での協業を行っているため、ゲーム業界のブロックチェーン開発プロジェクトは今後さらに加速していきそうです。

　一方、ゲーム大手の任天堂は、現時点ではやや加熱気味であるNFT導入に慎重な姿勢を見せていますが、もし、ビジネスの機会がありそうだと予測し、満を持して参入すれば、世間の認知も大きく変わっていくでしょう。

## NFTは「月の土地」とよく似ている

このように、新しいユーザーを呼び込むために、スポーツからポップカルチャーまで、ありとあらゆる業界がNFTの様々な使い方を模索しています。

しかし、ここから先は、NFTで価値を出せる企業と、出せない企業に道が分かれていくでしょう。**NFTそれ自体は多くのことに応用可能性がある技術ですが、必ずしもオールラウンドで価値が出せるわけではありません。**

重要なのは、デジタルの希少性が本当に機能するかどうかです。

1980年代に「月の土地を売買する」というビジネスが流行ったことがあります。これは米国ネバダ州に本社を構える「ルナエンバシー」という企業が、月や火星、金星、水星などの地球圏外の土地を販売し、権利書を発行したビジネスです。

ルナエンバシーの事業は宇宙条約や法律の盲点をついたビジネスであり、お金を払って購入したからといって法的な権限が得られるわけではありません。単に権利書が発行されるだけで、その土地に建物を建てて移住できる人類は今のところ一人もいません。

いわば宇宙への夢やロマンに権利書という形を与えるだけのビジネスです。

法的な枠組みが存在しないのにビジネスとして成り立つという意味では、「月の土地」売買とＮＦＴは似ています。

「自分は月に土地を持っている」と夢想したときのワクワクする気持ちと、大好きなスポーツ選手のスーパープレイ動画のオーナーであることに誇りを感じる気持ち、デジタルスニーカーを手に入れて満足する気持ち、いずれも近いものがあるのではないでしょうか。

## ファンビジネスはコンテンツを作り出せる企業が有利

レアであり、そこに価値がある。

そう信じられる人が１００人のうち１人くらいでも存在していれば、ＮＦＴを通じた取引に価値が生じます。

裏を返せば、プロダクトやサービスの性質上、そうした特性を備えていない業界では、ＮＦＴの流行は一過性に終わるでしょう。

一方で、有り体《てい》にいってしまえば、もとから大量の有力ＩＰを持っている大企業がやはり有利なことは否《いな》めません。

出版業界でＮＦＴ活用に大々的に動き出しているのは、講談社、集英社、ＫＡＤＯＫＡＷＡなどのいずれも大手です。

また、ファンビジネスとの相性のよさを考えると、アイドルやお笑い芸人など、ファンとのつながりが濃いビジネスほどＮＦＴに向いています。人気アイドルグループ「ＳＫＥ48」のデジタルトレーディングカードは即完売となり、話題を呼びました。吉本興業も芸人のネタを動画にしたデジタルトレカの発売を開始しています。好きな芸人のネタを動画ごと手に入れられるという大きなメリットがあります。

同様の発想は異なる業界にも置き換えられるはずです。これまで培ってきた資産をどう掘り起こせるか、着眼点が試されるでしょう。

## ファンビジネスの先の可能性は？

今のようなＮＦＴブームがずっと続くことはないでしょう。熱狂がある程度まで落ち着けば、**いずれは「ＮＦＴ実装が当たり前」になり、よくある選択肢の一つになっていく**だろうと私は見込んでいます。

新技術としての目新しさが失われ、ユーザー数も飽和《ほうわ》してしまえば、取引の活性化が失われ、そこから先の発展があまり望めなくなります。

現在のNFTは、ほとんどの場合においてファンビジネスですから、ファンが途切れると一気に価値が下がる危うさがあります。

また、NFT化したすべてのものに数千万円の価値がつくようなことはありえません。そうした高値がつくのはごく一部の目立つ例外です。取引可能な価値を持つものはどれかを判断することも大切です。コンテンツを供給する側と、売買するユーザー、双方がきちんとメリットを得続けている状態にあるかを、常に見極めていく必要があるでしょう。

ただし、金銭的なものではなく、NFTの仕組み自体は、次章以降で解説していくDAOやトレーサビリティなどとの掛け合わせがうまく成功すれば、応用できる用途はまだまだあるでしょう。

NFTアートなど、NFT化されたコンテンツそれ自体の価値よりも、それらを購入することで得られるコミュニティへの参加権やプレミアム感のほうに比重が移っていく可能性もあります。

日本には有望なＩＰを保有している企業が多数あります。ＮＦＴという新しいツールを既存のアセット（資産）に組み込むことによって、仲介業者に高い手数料を払わずとも、世界中の顧客に作品やプロダクトが届けられる可能性が広がります。

日本企業が世界のマーケットで新しい収益源を発見していける可能性は十分にあるはずです。

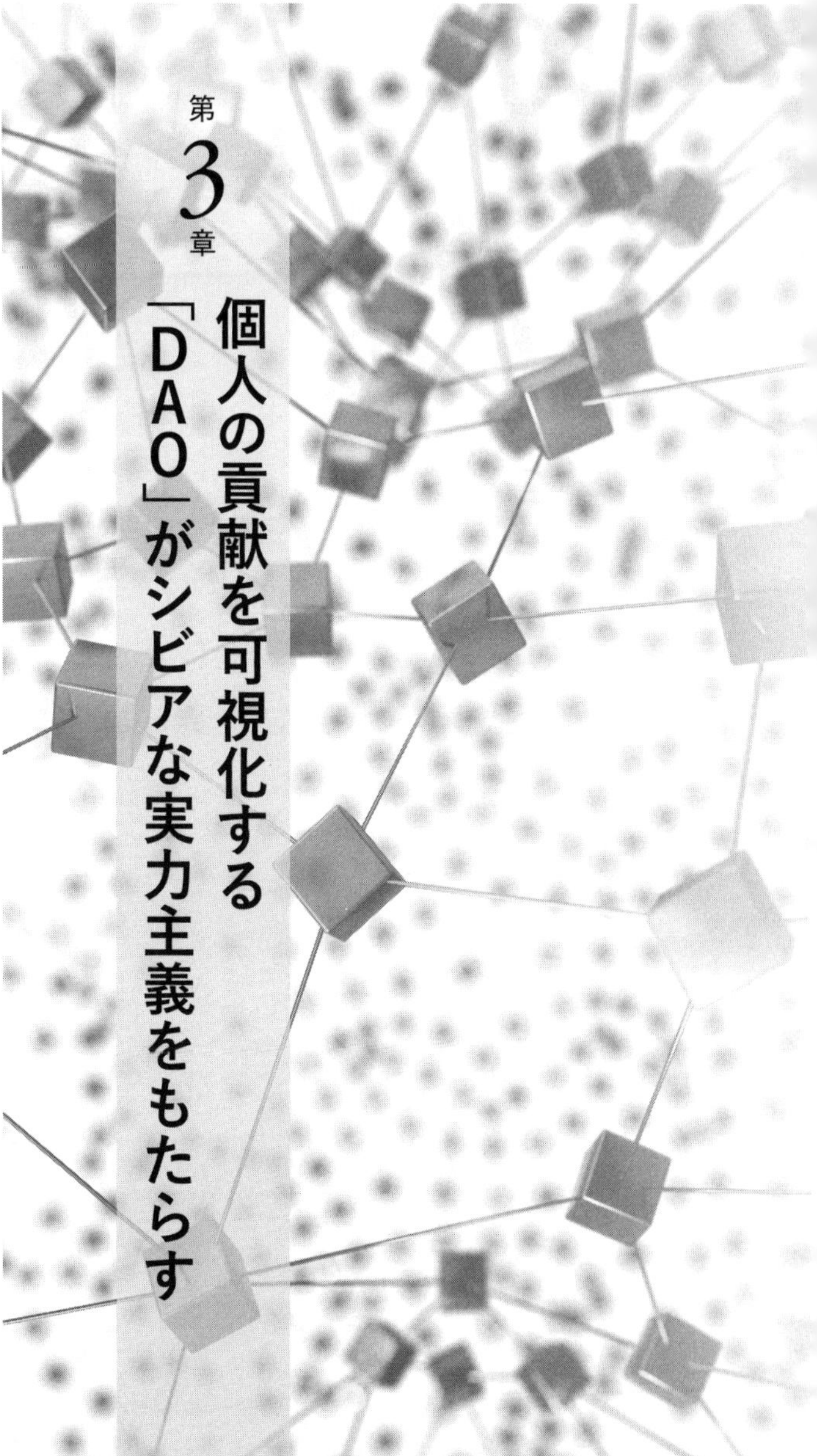

# 第3章 個人の貢献を可視化する「DAO」がシビアな実力主義をもたらす

## ピラミッド型ではない、全員が主体的に動く組織

NFTと並び、2022年になってから急速に耳にする機会が増えたWeb3関連のトレンドワードの一つに「DAO（ダオ）」があります。

DAOとは「Decentralized Autonomous Organization」の頭文字を取ったもので、日本語に訳すと「分散型自律組織」です。

何が「分散」されていて、どのように「自律」している組織なのか、ここまで読んできた方ならすでにピンと来ているのではないでしょうか。

ZOZOの創業者で実業家の前澤友作氏が、2022年5月30日に自らのツイッターで、「みんなでDAO作りませんか?」「『Web3 DAO』でググってみてください」とフォロワーに呼びかけたことで初めてDAOを知った人も多いかもしれません。

「社長」のようなトップが統率する従来の組織像とはやや異なる、新しい協業の形としてのDAOについて、本章では解説していきます。

DAOを理解するためには、株式会社と比較してみるのが一つの方法です。

## 従来の組織とDAO（分散型自律組織）の違い

| 従来の組織 | DAO |
|---|---|
| **ピラミッド型** | **階層がない** |
| 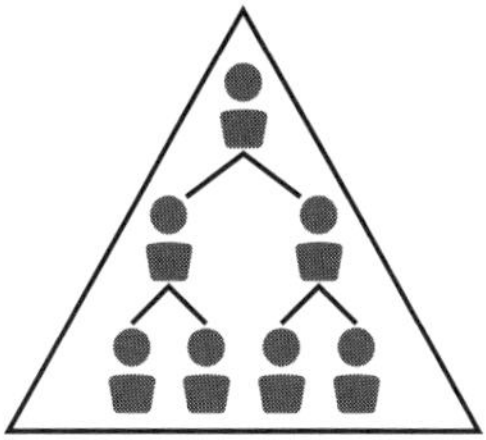 | 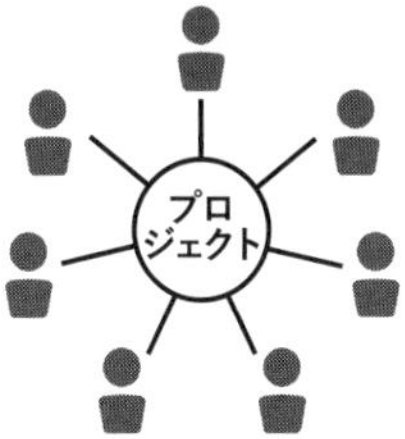 |
| **階層の高い人が低い人に指示を出したり、管理したりする** | **参加者は誰の指示も受けずに参加する** |
| **階層の高い人が低い人の成果を評価し、報酬を決める** | **成果が記録され、それに応じて自動的に報酬が支払われる** |

株式会社はいわゆるピラミッド型組織の典型例です。トップに意思決定を行う社長がいて、株主から経営を任された取締役会が経営方針を決め、その方針に従って社員たちが営業や製造、開発などそれぞれの持ち場で動きます。「昇進」や「出世」という形で上に行くほど偉くなれるという構図も、このピラミッド型組織があるからです。そのため、株式会社には、報酬やオーナーシップ（所有権）がピラミッドの上層に集中するという特性があります。

こうした組織のあり方に対して、「社長がいなくても組織は回していけるし、もっと効率的に価値を出せるのでは？」という考え方から誕生したのがＤＡＯです。

**ＤＡＯには、社長も管理職も株主も、理論上、いません。誰かが指示を出すのではなく、共通の目的のために集まったメンバー同士が、一定の共通ルールに基づき、それぞれ主体的に意思決定を行いながらプロジェクトを進めていきます。**

多くの株式会社のような上下関係が存在する中央集権型組織ではなく、中心点（共通の目的）の周りに参加者がフラットに「分散」しながら並び、動くことで機能する組織。それがＤＡＯの特色です。

## ブロックチェーン技術がＤＡＯを可能にした

では、こうした新しい組織形態であるＤＡＯが、なぜＷｅｂ３の文脈で語られているのでしょうか。

それは、ＤＡＯの仕組みを支える技術もまた、ブロックチェーンだからです。暗号資産やＮＦＴと同じく、ＤＡＯの運営もブロックチェーンの技術があるからこそ成り立っています。

多くのＤＡＯはブロックチェーンのスマートコントラクトと呼ばれる機能を使っています。参加者には、目的達成への貢献度に応じて、対価としてトークンが発行されます。トークンは法定通貨に換金して引き出すことも可能です。

例えば、あるプログラムを作ることを目的としたＤＡＯがあるとしましょう。そこに参加したエンジニアは、そのプログラムの中で自分がコードを書ける部分を見つけ出し、自身の判断で、その部分のコードを書きます。上司の指示などは存在しません。すると、誰がどのコードを書いたのかがわかるため、そのエンジニアは、他のメンバーが評価した場合、コードを書いた対価として、組織内で使用されるトークンを受け取ることができます。

もちろんコードを書く以外にも様々な役割があるので、それぞれが自律的にコミットできるパートを探し、貢献の度合いに応じて評価（報酬）を得られるのが、ＤＡＯの大きな特徴といえるでしょう。

貢献が可視化され、正当な評価（報酬）を得られることは、当然のことながら、参加者のインセンティブにつながっていきます。

## ビットコインはDAOに似た形から生まれた

世界にはすでにあらゆるジャンルの多数のDAOが存在しており、組織化されています。投資、メディア、ソーシャルコミュニティなど、様々な種類のDAOがありますが、知名度の高い代表的なプロジェクトを一つ挙げるとするならば、やはり暗号資産の始祖となった「ビットコイン」の開発でしょう。

ビットコインは、どこかの会社組織が開発したものではありません。

サトシ・ナカモトを名乗る謎の人物（もしくは団体か不明）が2008年に暗号資産のアイデアを示した論文をインターネット上で公開し、メーリングリストで他のエンジニアに開発を呼びかけたところ、興味を持って賛同した人々が結集。そのコミュニティが自発的にDAOに似た協業の組織を作り、ビットコインの開発に成功しました。当時も現在も、ビットコインを管理しているのは、特定の管理者ではなく、世界中のビットコイン・ユーザーです。

もちろん、バックグラウンドや経歴がまったく異なる有志の人々が複数集まってのプロジェクトですから、意見の衝突も数え切れないほどあったはずです。DAOはフラットな組織形態ですが、とはいえ、コアとなるメンバーが自然発生的に形成されていくこともあります。リーダー的な人がうまく音頭《おんど》を取って、プロジェクトを回していった側面も多少あります。

DAOでは情報がオープンにされていることが多いため、誰がどれだけ貢献したかを評価しやすい。

一方で、仕組みとしては、性別、経歴、学歴、年齢、在住国などの個人情報を一切出さないまま、匿名で参加することも可能です。

ですから、仮にビットコイン作成者のサトシ・ナカモトと一緒に仕事をしていたとしても、当の相手が正体を明かさない限り、どんな人物（集団）なのか、わからないのです。

## インターネット接続できる人ならほぼ誰でも参加できる

DAOの長所をもう一つ挙げるならば、参加する上での障壁の低さでしょう。

通常、会社に入社するためには、採用試験や入社面接を受けて一定の基準をクリアしなければなりません。出身大学などの学歴や学位、所持資格、職歴などで門前払いされてしまうこともあるでしょう。

しかし、雇用契約を結ばないＤＡＯであれば、インターネットに接続できる環境にいる人ならば誰であっても、国による検閲などがない限り、どこの国からでも自由にコミットできます。

ただ、逆にいえば、自己の貢献を他の参加者と差別化できなければ、報酬などはもらいにくいことになります。雇用のように、一定の期間在籍するだけで給与をもらえるというものではありません。

ただ、**誰かがいいアイデアを提案したら、それに賛同する人たちが、理論的には世界中から協力してくれます。**

そういう意味では、ＤＡＯはインターネット上の掲示板に近いかもしれません。ふと気付けば自然発生的に人々が集まってきて、ああだこうだと皆が次々と意見を書き込んでいく。時には、その中に有益な情報を提供してくれるプロフェッショナルが現れることもある。情報提供をしてくれる人から招かれざる客まで、あらゆる人がタイムライン上で交流するツイッターにも似ているでしょう。

オープンな仕組みが可視化されている場。工夫してなるべくノイズを減らし、プロジェクトの成功に意味を感じられる人で集まれることもまた、ＤＡＯの大きな魅力でしょう。

## ロシアのウクライナ侵攻でDAOにも注目が集まった

フットワークの軽さもまた、DAOの利点です。

2022年2月、ロシアがウクライナに侵攻したわずか数日後には、ウクライナへの支援を表明する「Ukraine DAO」が発足しました。

ウクライナで苦しむ人々を助けるために、ウクライナの市民団体に寄付するための資金を集めることを設立目標として掲げたUkraine DAOは、資金を集める手段として、ウクライナ国旗をNFT化してオークションで販売し、72時間で総額2258イーサリアム（約675万ドル、約7億8000万円）を集めました。

Ukraine DAOで支援を行うと、参加した証《あかし》として、寄付額に比例して独自のトークン「LOVE Token」が配布されます。このトークンは換金もできず、実用性は皆無《かいむ》ですが、ウクライナ支援への貢献を証明する確かなしるしになります。

ビジネスの文脈ばかりで語られることが多いDAOやNFT、暗号資産ですが、いずれも人道支援のためのツールとしてすでに大きな存在感を見せています。

わずか72時間で約8億円が集まったという調達額の大きさとスピードに目が奪われてしま

いがちですが、それ以上に、**ＤＡＯが連帯の意思を表明するツールとして機能した**功績は大きいでしょう。

また、侵攻から約1カ月後、ウクライナのミハイロ・フェドロフ副首相は、ロシアによる侵攻をテーマにしたＮＦＴを発行し、その収益を軍と市民の支援に充《あ》てると公表しています。

今後も紛争やテロ、自然災害などが起きたときなどに、被害者を支える手段として、そして被害者のもとへと本当に資金が届いているかを確かめるツールとして、ＤＡＯの存在意義が発揮される余地は大きいです。

## イーロン・マスク氏の実弟も慈善活動のＤＡＯを設立

２０２１年末には、テスラやスペースXを率いるイーロン・マスク氏の実弟であり、テスラの取締役も務めているキンバル・マスク氏が、「Big Green DAO」と名付けた分散型慈善活動プラットフォームの立ち上げを発表しました。

食料格差の是正《ぜせい》を目指すフードジャスティス運動や環境再生型農業に力を入れている非営利団体「Big Green」の活動をＤＡＯ化しようという新しい試みです。実験期間は２０２１年11月から２０２２年9月までを予定。パートナーを募集・選定し、ガバナンストークン

（ＤＡＯで使用される暗号資産）を利用することで意思決定を行っていくとのこと。

まだ具体的な取り組みは聞こえてきませんが、ＤＡＯのガバナンス構造を慈善活動に応用する一例として、今後の動向を注視していきたいと思います。

## 新しい組織形態であるDAOの5つのメリット

ここまでご紹介してきた事例を踏まえた上で、ＤＡＯの特徴について、一度整理しておきましょう。

従来の組織運営とは異なるＤＡＯの特徴と、そこから派生するメリットは次のようにまとめることができます。

①フラットな組織運営
「ガバナンストークン」という権利が付与されたトークンを保有すれば、投票システムなどを通じて誰であっても平等に意思決定に参加できます。また、オーナーシップと報酬が分散される工夫をすれば、特定の上位層のみに権力や意思決定が偏《かたよ》る事態を少なくできます。

②オープンアクセス

制限なくインターネットに接続できる環境であれば、誰でもＤＡＯのガバナンストークンを保有して意思決定に関わることができます。試験や面接の必要もなく、世界中の人々が参加できます。物理的な場所に縛《しば》られないため、世界中から人を集めることもできます。自分の専門性を生かして活動できることもメリットでしょう。

③透明性

ＤＡＯの取引はブロックチェーン上に設定された「スマートコントラクト」という機能によって自動的に実行されます。また、意思決定や投票はすべてオープンな場で行われ、履歴が記録されます。そのため、運営における透明性の高さ、それによる不正が起こりづらい仕組みは、ＤＡＯの大きな特色です。

④匿名性

一見すると「透明性」と矛盾《むじゅん》するようですが、ＤＡＯでは匿名性も認められているため、実名、性別、年齢、国籍を明かさずとも、匿名のまま参加することができます。身元を明らかにすることが大前提である株式会社ではありえないでしょう。外から見えるのは「ウォレット」（トークンを取引するための仮想の財布）だけです。

⑤スピーディーで身軽に活動できる

会社やプロジェクトを立ち上げようと思ったら、様々な手続きとコストが発生します。しかし、ＤＡＯであれば部署間の根回しなどは考える必要がありません。思い立ったらスピーディーに新規事業を立ち上げることができ、設立コストも非常に低く抑えられます。資金調達もスピーディーに行えるため、スタートアップ企業が外部も巻き込んだプロジェクトを立ち上げる際にも活用できます。また、一つのＤＡＯだけではなく、様々なＤＡＯプロジェクトやコミュニティに複数参加するほうが多数派です。

こうしたＤＡＯの可能性に目を向けると、組織だけでなく、個人の働き方についても、今後、考えさせられる部分があります。

## ＤＡＯのデメリットや懸念点は？

もちろん、前述したＤＡＯの特性によるメリットが、デメリットに転じる場合もあります。

組織においては、多数決で決定するよりも、優秀なリーダーが独断で意思決定を行うほうが、結果的にうまくいくケースもあるでしょう。伝統的な既存の組織運営に慣れている人には、リーダーの指示なしで自律的に動くことに不安を覚える人もいるかもしれません。

**個人の貢献が可視化されやすいＤＡＯは、個々人が能力をシビアにジャッジされる実力社会も意味しています。**

また、誕生して間もない組織形態であるため、各国の法整備がまったく追いついていません。サービスがハッキングされる、ガバナンストークンが買い占められるなど、不測の事態やリスクにどう備えるかという点も、まだ十分に議論され尽くしていないように見えます。

そもそも、プロジェクトを細かなタスクとして切り分けられていなければ、参加者は自分がどこにどう貢献できるかを判断することが難しいでしょう。また、調整役や仲介者が機能しない場合、参加者がそれぞれの意思で自由に動いた結果として、混乱が生じることもありえます。

## 最大のハードルは暗号資産の所有率

そして多くの人にとって最も大きな問題点は、現時点では、参加者が暗号資産に興味がある人に偏っていることです。

前述したようにインターネットに接続できれば誰でもコミットできるのは事実ですが、多くのＤＡＯでは暗号資産の送受信や管理を行うための「メタマスク」などのウォレットアプリを利用できることが、トークン保有の前提となっています。

しかし、日本における暗号資産の保有率は２０２１年で１・７％と極めて低い数字が出ています（野村総合研究所「生活者1万人アンケート調査」による）。これはＦＸ（外国為替証拠金取引）の１・４％よりは高いものの、株式の13・５％、投資信託の11・９％と比べると明らかに低い数字です。

また、海外のＤＡＯに参加するのであれば、ある程度の英語力もやはり必要です。

おそらく多くの日本人にとって、このあたりが参加においてのハードルとなってしまうのではないでしょうか。

ここから何かのきっかけで火がつき、ごく普通の一般人でも暗号資産のウォレットを持つことが当たり前の時代になれば、一気に参加のハードルは下がるでしょう。

ただし、今の時点では世間の認知はそこまで追いついておらず、ごく一部の人が盛り上がっているのが実情でしょう。

## DAOを「法人」として認定する国も登場

しかし海外に目を向けると、DAOを「法人」として認定する国も現れています。

2022年2月、以前からブロックチェーン分野の取り組みに力を入れている太平洋の島国・マーシャル諸島共和国が、DAOを法人として正式承認する法改正を行いました。国家が法人としてDAOを承認するのは、これが世界初のケースです。

この法改正によって、同国においては会社形態の一つであるLLC（合同会社）と同等の権利がすべてのDAOに与えられることになり、不動産の保有なども可能になりました。

マーシャル諸島共和国は人口6万人弱という小国ですが、法人税や所得税の税率が極めて低い「タックスヘイブン（租税回避地）」であり、外国法人への優遇税制も取り入れています。

今後は海外のDAOがマーシャル諸島共和国を「所在地」に設定して事業登録を行い、法的承認を与えられた組織として事業を展開していくかもしれません。

また、暗号資産への取り組みが進む米国のワイオミング州では、現在、米国で唯一、DAOの法人化が認められています。

オーストラリアでも、DAOの法人化を求めて、国際的な弁護士事務所を中心としたメンバーが法改正に向けて動いています。

## 今ある会社にもDAOを組み込める

では、今現在、多くの人が属している株式会社という形態とDAOがまったくの無関係かというと、そんなことはありません。株式会社という枠組みの中にも、DAOの仕組みを採り入れることが可能です。

DAOの特徴の一つは、ブロックチェーンを活用する中で、スマートコントラクトによってプログラムが自動実行される点にあります。

例えば、次のような具体的なケースが考えられます。

出版社に勤務する編集者の仕事は、本を作ることです。この業務に対して、「編集した本が1万部売れたら、○円のボーナスが支払われる」という規定をまず定めたとしましょう。さらに、販売部数のデータを自動的に正しく取得できるようにプログラムしておけば、売上部数が1万部を突破した時点で、自動的にボーナスが振り込まれます。株式会社という枠組みの中で、こうした仕組みを作ることも可能なのです。

このような仕組みを社内に取り入れることができれば、第三者がチェックする手間が省《はぶ》け、評価から報酬までがスムーズにつながります。**場合によっては曖昧で主観的だったかもしれない管理職による評価が、オープンで明快なルールのもとで適用されるから**です。人間関係の余計なしがらみや情が作用していた部分が拭《ぬぐ》い去られ、合理化される部分が増えるでしょう。

## 出身大学のランクよりも純粋に「実力」が評価される

逆に言うと、「あのプロジェクトは自分の手柄《てがら》だ」と部下の手柄を横取りするような上司、口だけは達者《たっしゃ》だが実力が伴わない社員は、透明性が高いＤＡＯの世界では評価されにくくなります。

プロジェクトへの貢献の度合いが記録されるため、誰がどのように貢献をしているかが一《いち》目瞭然《もくりょうぜん》になるからです。

社員IDと実績を紐付けておけば、「あなたはあのプロジェクトで役割を果たしたといっていたが、履歴を見ると事実は違うのでは？」ということが簡単にわかってしまいます。

誰がどんなスキルを持っていて、過去にどんな貢献をしてきたのか。そうした実力や実績だけがオープンに可視化されることは、優秀なフリーランスにとっては仕事を取りやすくなるメリットに直結するでしょう。

これまではビジネスパーソンとしての能力を測る際には、社内評価でも転職の際の書類選考でも、学歴や出身大学のコネクション、前職の職位などが指標として参照されてきました。

しかし今後は、そうしたカードに加えて、**ただ純粋にその人が成し遂げたこと、貢献したことが、評価や報酬につながっていく**事例が増えていくのではないでしょうか。

## フリーライダー問題の解消にも有効

仕事はしないが、給料はもらう。仕事はできないが、自分のポジションには固執《こしつ》する。

どのビジネスの世界にも、こうした「ただ乗りする人」＝フリーライダーが長らく存在しています。年功序列制度が残っている大企業などでは、特によく見かける問題でしょう。

一方で、意外かもしれませんが、外資系企業においても、やや違った意味合いのフリーライダーが存在します。

競争が激しい外資系企業においては、成果こそが評価や報酬に直結します。例えば、大規模なプロジェクトがゴールに近づく頃になると、一番大変な立ち上げの時期にはノータッチだった人間が突然すり寄ってきて、成果というおいしい手柄だけをかすめ取り、ボーナス評点を上げようとする事例も決して珍しくはありません。

こうしたフリーライダーが存在すると、真面目に仕事をしている周囲の社員の労働意欲が削《そ》がれ、チーム全体の生産性が低下します。放っておくと離職率が上がり、企業の信用度も下がることにつながりかねません。

こうしたフリーライダー問題も、貢献の度合いが可視化されるＤＡＯであれば、部分的に解消されることが期待できます。

## 「できる人」と「できない人」の格差はさらに広がる

私が以前に勤めていたグーグルでは「ピアボーナス」という制度がありました。

これは、会社から社員に対して贈られる報酬とは違い、通常の業務の枠を越えて協力し合った場合、社員同士で少額の報酬（ボーナス）と賞賛を贈り合うことができる制度です。

ピアボーナスを導入して、社内で役割を越えたポジティブなやり取りが生まれるようになると、チーム内でのコミュニケーションが活発になる、従業員エンゲージメントが上がる、部署を超えた協力関係が活性化する、優秀な人材の流出防止など、様々なメリットが期待できます。

このピアボーナスも、ある意味でDAOと重なっている部分があるでしょう。成果だけではなく、その人材の多様な価値を「見える化」する施策を導入する企業は、近年、確実に増加しています。

このような様々な施策によって、余計なものが削ぎ落とされ、能力や人柄を含めた「実力」だけが評価される時代に突入しています。

会社員であっても、優秀な人材はより重宝《ちょうほう》され、社外の様々なプロジェクトにも招集される機会が増えていくでしょう。どこかしらのDAOを覗《のぞ》けば仕事が見つかり、納品して即、報酬がトークンで支払われるという「未来の働き方」も、いずれは一般的になっていくかもしれません。

ある技術を持っている人を求めているプロジェクトと該当者をより効率よくマッチングする仕組み、新しい管理ソフトウェアの登場など、テクノロジーの進化によって、多くのDAOがスムーズに運営されるようになれば、私たちの人生と社会は今とはずいぶん様変わりするのではないでしょうか。

ただし、どこへ行っても成果が出せず、あわよくばフリーライドしようとする人は、信頼を獲得できなくなるため、どこからも招集されなくなります。実力がもたらす格差が、残酷なほどに可視化されてしまいます。

**優秀な人だけが必要とされる「Winner takes all」の世界、すなわち勝者総取りといった身も蓋《ふた》もない話になるかもしれませんが、この流れは加速します。**

もちろん、理不尽な格差に対して何らかの救済措置を講じることも必要ですが、能力や成果によって評価が決まる仕組み自体は、今後ますます増えていくものと予測されます。

## 「ブロックチェーンに紐付ける価値はあるか」も問うべき

一方で、何でもかんでも「DAOにすればうまくいくはず」という単純な話でもありません。

DAOを実装化していくにあたってのネックになるであろう点をここで一つ挙げておくならば、「果たしてそのプロジェクトにはDAOにするほどの価値があるのか」という現実的な問題でしょう。

どんなプロジェクトであっても、「DAOを使っています」というと新規性があり、PRとしては従来と違ったように見えますが、手段が目的化してしまっていることもあります。

大前提として、プロジェクトそのものの先行きが不透明だったり、中途半端な規模であったりすると、「そもそもこのプロジェクトにDAOを使うほどの価値はないだろう」と判断されるケースも少なくないはずです。

ブロックチェーンを実装してトークンを発行したが、参加者が増えないし、誰もトークンを使ってくれない。アクションも起きていない。せっかくの機能を生かしきれないまま、単なるボランティア組織になっているDAOや、行き詰まって自然消滅しているDAOもよく見かけます。期待感だけで参加しても、すぐにフェードアウトしてしまうのがオチでしょう。

その意味では、ロシアによるウクライナ侵攻の際に設立された「Ukraine DAO」の例のように、国境を越えて多くの人が共感でき、わかりやすい大義があるプロジェクトでもない限りは、なかなか周知と持続性が困難であることもＤＡＯの課題でしょう。

## もしも国家がＤＡＯ化したら？

さらに視野を広げて、国家とＤＡＯの関係についても考察してみましょう。
ＤＡＯの規模が最大規模まで拡大していくと、いずれは「国家のＤＡＯ化」という未来もありえるかもしれません。

そう聞くと、既存の国家体制とＤＡＯは相性がいいのかと思うかもしれませんが、それぞれの存在意義を考えると、相性は決してよくありません。なぜなら、国という機能の全体的なＤＡＯ化が進めば、国家という枠組み自体が不要になっていくからです。

もしも国家がＤＡＯとして機能するようになれば、社会にはどのような変化が起きるのでしょうか。

まず、富の分配が合理化され、スムーズになるでしょう。**給付金や補助金の振込は、アルゴリズムに基づき、プログラムによって自動的に行うことができます。**コロナ禍のときのように申請が殺到してマンパワーが追いつかず、支援金の入金が滞《とどこお》ったりすることもなくなります。自治体の職員が誤って個人の口座に数千万円の入金をしてしまうような属人的なトラブルも避けられます。

一般市民が今のようにいちいち役所の窓口に出向く機会も減らせます。市民はアルゴリズムに落とし切れない特殊な事情やケースにおいてのみ、行政の窓口とやり取りをすればよくなるでしょう。

その他にも、人間が介入しなくてもいい仕組みのため、**政府の人件費や運営費が大幅にカットできます。**

また、投票や審査など、あらゆる決定がオンラインで効率化されるようになり、コストや負担が下げられるようになります。

もちろん、様々な課題もその都度《つど》出てくるとは思いますが、国家の透明性の担保や長期的に見たときのメリットという意味では、「国家のＤＡＯ化」に期待できる側面も大きいでしょう。

ただ、国家を「まるごとDAO化した先」に行き着く議論は、「では、国家や政府は何のために必要なのか？」になると思われます。究極的にいってしまえば、DAOであらゆることが合理化できるのであれば、国家の存在意義は小さくなるからです。安全保障や人権など、経済合理性以外のところはDAOでカバーできるか不明です。

それでも「国家のDAO化」を実験する価値は大いにあるでしょう。日本の規模だとやや大きすぎるため困難かもしれませんが、人口が数十万人以下の小国であれば、DAOによって国家の機能の多くをカバーすることも決して不可能ではないはずです。もちろん、抜本的な改革になりますから大規模な労力がかかりますが、それでも先々のことを考えると、コストに見合うメリットも多数あるでしょう。

## 株式会社や国家が「最適解」とは限らない

このように、現時点でのDAOは、その将来性の高さゆえに、様々な課題と可能性の両面を抱えています。

それでもなお、これまでの「最適解」だと考えられてきた株式会社や国家のあり方を問い直すアンチテーゼとして、ＤＡＯが果たしていく役割は検討する価値があるでしょう。

株主から出資を募《つの》り、事業を拡大していく「株式会社」というシステムは、決して、どんな事業でもベストで完璧な仕組みではありません。

株主は出資の見返りとしてどのような権利を与えられるべきか。

会社の重要事項を決議する場合、株主の総議決権のどれくらいの賛成を必要とするのが妥当か。

こうした一つひとつの事柄について、長い時間をかけて試行錯誤をした末にできあがったのが、今の株式会社のシステムです。

しかし、今の株式会社の組織運営や、そこでの働き方が、本当にベストなのでしょうか？

事業規模を拡大して上場を目指すこと、会社としてできるだけ長く存続していくことは、社会全体にとって本当に適切なのでしょうか？

株式の代わりにトークンを付与することで、組織はどのように変容していくのでしょうか？

そんな風に、ＤＡＯという新しい物差しを使うことで、今あるシステムを捉え直していくこともできるでしょう。

## DAOが投げかける問いを私たちはどう受け止めていくか

今なお正体不明なサトシ・ナカモトがビットコインについての論文を発表したときの社会背景を思い出してみましょう。

リーマンショックによって100年に一度といわれる金融危機が引き起こされ、金融システムが孕《はら》む危うさが白日《はくじつ》の下《もと》に晒《さら》されました。だからこそ、中央集権型という既存の金融システムを突き崩す、新しいシステムを模索する動きが求められたのです。

これは、会社や国家のあり方についても同様です。

社長がいて、取締役会があって、株主がいる。そうした形でガバナンスを効かせるビジネスモデルこそが、長い間、私たちにとって、海外から輸入した常識でした。そうした基本構造は国家であっても同じでしょう。

けれども、その中央集権型が最適解と決まったわけではありません。

ブロックチェーン技術を使えば、中央に管理者がいなくとも、オーナーシップを分散することで回る仕組みが作れます。貢献が可視化され、情報の真正性は向上します。透明性が保たれることで信頼も担保されます。

中央集権型ではないシステムでも、物事を成し遂げられる。

そうした俯瞰《ふかん》の目線でDAOを捉え直してみると、Web3という抽象的で曖昧な概念の周辺で様々にちらばっている点と点が線でつながっていくはずです。

**DAOは、人と人がどう関わるか、理想的なコミュニティはどんな形をしているのかという、人類にとって普遍的な問いを、ブロックチェーン技術で新たに定義し直した試みともいえるでしょう。**

DAOの革新性はブロックチェーンに依《よ》るところが大きいですが、その存在は私たちに多くの疑問を投げかけてきます。

リーダーが存在しなくてもプロジェクトは遂行できるのか？

マネジメント能力は、もはや価値がなくなってしまうのか？

DAOの特性をどうすれば組織運営に生かしていけるのか？

トークンは今後、株や投票権と置き換わっていくのではないか？

法律や国が担《にな》っていたことを、ブロックチェーンとスマートコントラクトでどこまで代替できるのか？

ゆくゆくは国家という存在がＤＡＯに置き換えられ、資本主義に支えられた社会の形も変わっていく可能性もあるのでは？

Ｗｅｂ３というバズワードに目眩《めくら》ましされることなく、ＤＡＯの登場によって浮かび上がってくるこうした疑問や課題に向き合いながら、これからの時代の最適解を探していく。暗号資産の法整備が徐々に現実に追いついてきたように、そんな実験の真っただ中を、私たちは今まさに生きているのです。

# 第4章 すべての企業が避けては通れない「トレーサビリティ」も変革する

## 生産から消費までを追跡する「トレーサビリティ」

ここまで、Web3という世界的な潮流の牽引役として、デジタルコンテンツの取引などで注目を集めるNFTと、ビジネスや国家の形を変える可能性を秘めたDAOを取り上げ、世界の最先端で何が起きているかを見てきました。

第4章では少し視点を変えて、Web3以前からあった「トレーサビリティ」という概念が、ブロックチェーンを活用することによって、どのように進化するのかを探ってみましょう。

その製品はいつ、どこで、誰によって、どのように作られ、どのようなルートでここまで運ばれてきたのか。

商品の生産から消費までの過程を追跡する「トレーサビリティ（追跡可能性）」という概念が広く知られるようになったのは、2000年代に入った頃からでしょう。

2001年、日本で初めて、いわゆる「狂牛病」と呼ばれる牛海綿状脳症（BSE）に感染した牛が発見され、感染蔓延《まんえん》防止のために牛の生産履歴をきちんと管理する必要に迫られた農林水産省が「牛トレーサビリティ法」を導入したことが、日本でトレーサビリティという概念が根付くきっかけとなりました。

BSE問題の影響を受けて米国産の牛肉が輸入禁止となり、チェーンの牛丼店で牛丼が軒並み販売休止になるなど、外食産業にも大きな影響を及ぼした出来事ですから、ご記憶の読者も多いでしょう。

さらに、牛肉の産地偽装が相次いで発覚したことから、「食の安全」への意識が社会全体で高まることとなりました。

牛トレーサビリティ法によって、日本国内で飼育されるすべての牛に個体識別番号がつけられるようになりました。これによって、それぞれの牛が、出生から屠殺《とさつ》まで、どこで飼育されたかが記録され、屠殺された後、枝肉、部分肉、精肉と加工されていく過程でも個体識別番号が記録・保存されていき、出生から消費者のもとに届くまでの生産流通履歴の情報が明らかにされるようになったのです。

ただし、この段階ではまだブロックチェーンは誕生していませんから、トレーサビリティの運用とブロックチェーンはまったくの無関係でした。

## SDGsやESGの登場でトレーサビリティ意識が高まった

このように、私たちの健康に直結する食品の安全・安心意識から始まったトレーサビリティでしたが、次第に食品以外の業界へも広がりを見せていきます。社会全体のトレーサビリティ意識が底上げされた大きな要因は、SDGs（持続可能な開発目標）、そしてESGへの関心の高まりでしょう。

2015年の国連サミットで採択されたSDGsには17のゴールが定められており、その12番目に「つくる責任　つかう責任」という項目があります。

世の中を見渡せばモノが溢《あふ》れかえっていますが、よく考えれば、この状況が永続的に続くわけではありません。消費量が増加すれば、いずれは資源が枯渇《こかつ》し、生産が困難になるでしょう。そうした未来を防ぐために、生産者と消費者の双方が責任を持って行動しようという思想が「つくる責任　つかう責任」です。生産・消費活動は環境汚染や労働者の人権問題とも重なります。

この潮流と並行して、ビジネスの現場で重視されるようになったのが、ＥＳＧという新しい指標です。

環境（Environment）、社会（Social）、企業統治（Governance）の頭文字から成るＥＳＧは、その企業が環境・社会・企業統治の3点から社会的責任を果たせているかを測る指標です。目先の収益性だけを追求するのではなく、「企業として社会的責任を果たそうとしているか」という姿勢も投資家に評価されるようになったのです。

２００８年に起きたリーマンショックも、ＥＳＧの認知拡大に大きな役割を果たしています。世界に深い痛手を負わせた金融危機によって、短期的な利益追求を最優先させる企業への批判が高まり、社会への公益性を重視する企業を投資先として選定するケースが増加しました。

## 多元的な視点からサステナブルを求める時代へ

社会への負担を製造・販売プロセスも含めて考える。

こうした思想を受けて、食品業界以外にも、自動車、衣料品、医薬品、電気製品など、あらゆる業界においてトレーサビリティが重視されるようになりました。

あるダイヤモンドが、強制的な児童労働によって採掘されたものや、紛争の資金源になる「ブラッド・ダイヤモンド」ではないか？

製造や流通の過程で二酸化炭素を大量に排出していないか？

ＥＶ（電気自動車）に必要なバッテリーの原材料であるニッケルをロシアから仕入れることは、ウクライナに侵攻したロシアに利益を与えてしまうのでは？

価格と品質だけでなく、人権や環境にも配慮できているかを含めて、購入するかどうかを判断材料にする消費者は、着実に増えてきています。


米国税関・国境保護局は、２０２０年、マレーシアから輸出されたパーム油の輸入を、強制労働によって製造されたことを理由に差し止めています。

２０２１年には、新疆《しんきょう》ウイグル自治区の人権侵害問題を巡って、ユニクロ製品の一部の輸入が、やはり差し止められました。

人権を尊重しない企業の製品は、消費者の手に届く前に、税関で止められる時代になっているのです。

企業にとっては、持続可能な社会のための貢献を、多元的な視点から求められる時代になったといえるでしょう。

## ブロックチェーンとトレーサビリティはなぜ好相性か

**原材料がどのようにして消費者の手に届くのか。その一連のプロセスの情報を開示し、透明性を確保することは、企業にとって、もはや避けられない義務であり責務**なのです。

そのための手段として有用な技術として注目されているのが、ブロックチェーン技術です。

前述のように、ブロックチェーンの登場以前にもトレーサビリティへの取り組みは行われていましたが、基本は紙ベースだったため、原材料や部品の調達、加工、販売に至るまで、サプライチェーンの情報をすべて確認、検証、更新することは、非常に煩雑《はんざつ》かつコストのかかる作業でした。

デジタルデータで管理されるようになってからも、その情報が改竄されていないかを確かめるためには、やはりコストが発生します。情報が途中で改竄されていないかを確かめるために、時には海外に飛び、現地に足を運んでわざわざ確認する必要もあったでしょう。

しかし、ブロックチェーンを使ったトレーサビリティ・システムを運用することによって、これらの課題の多くは解決できるようになります。

ブロックチェーンが本来備えている特長、つまり、記録された情報の改竄が難しく、その情報を多くの人が参照できる透明性が、まさにトレーサビリティ・システムに求められているものと重なっているからです。

## いち早くブロックチェーンを採用したウォルマート

ブロックチェーンを使わなくとも、トレーサビリティ・システムを構築すること自体は可能です。しかし、Ｗｅｂ３のコア技術であるブロックチェーンの特長を生かせば、トレース（追跡）がより強固にできるようになります。

トレーサビリティ・システムにブロックチェーンを応用することによって、具体的には次のようなメリットが得られます。

- データの改竄リスクが低いため、信頼性を担保できる
- 消費者からの信頼向上につながる

サプライチェーンの情報が可視化・透明化されること、不具合が起きたときに迅速《じんそく》に原因を突き止めて対応が可能になることは、ブロックチェーンの効率性によってもたらされる大

きなメリットでしょう。

世界最大手の小売企業であるウォルマートも、他社が提供する食品サプライチェーンの追跡ネットワークを利用して、生産地から店頭に並ぶまでのルートを追跡するブロックチェーンのシステムを採用しています。

同社が２０１６年にこの実証実験を行ったところ、従来は26時間もかかっていた情報の追跡が、追跡コードを読み取るだけのわずか数秒に短縮されたと発表して注目を集めました。

## アップルによるトレーサビリティ向上の取り組み

先進的な企業はすでにトレーサビリティ・システムをより強固なものにすべく動き出しています。

トップを走るのは、やはりアップルです。

同社が２０２２年4月に発表した環境進捗報告書では、トレーサビリティ向上の取り組みとして、リサイクル素材だけの金のサプライチェーンを構築したことが発表されました。

環境負荷の低い部品や原材料の調達を意味する「グリーン調達」に関しても、アップルは製品全体の素材のうち20％を、すでにリサイクル素材に置き換えています。
アップルは２０２０年にはカーボンニュートラルを達成しており、いずれは旧モデルのｉＰｈｏｎｅの素材を再生させて新モデルのｉＰｈｏｎｅを製造するシステムを完成させると宣言しています。いずれの取り組みも、「社会的な責任を持つ企業」が目指すべきモデルケースといえるでしょう。

アディダスは、素材レベルでトレーサビリティを可能にする新ツール「サーティファイドマテリアル コンプライアンス」を導入。このツールにもＡＩやブロックチェーンが活用されています。

また、２０２２年には、米スタートアップ企業「フレックスポート」が、計９億３５００万ドル（約１０７８億円）の資金調達を行いました。フレックスポートは、規制の厳しい物流業界に、テクノロジー・プラットフォームを構築することでデジタル変革をもたらそうとしている企業です。

貿易の必要書類はただでさえ煩雑であり、すべてを紙で対応しようとすれば膨大な量になります。それをブロックチェーン技術を組み合わせることによってシンプルにしようという試みですから、そのニーズは相当高いでしょう。

同社の企業価値評価額は、この資金調達によって80億ドル（約9222億円）を超えました。世界規模のブロックチェーンによってトレーサビリティ・システムを合理化することの価値が一定程度評価されている一例といえるのではないでしょうか。


国内企業にも目を向けておくと、花王は持続可能なパーム油調達に向けて、2025年までに、ブロックチェーン技術を活用して小規模農家までのトレーサビリティを完了させることを目標に掲げています。

武田薬品工業と三菱倉庫は、ブロックチェーン技術を用いて、医薬品流通過程の各種情報を可視化し、事業者間でリアルタイムに共有できるプラットフォームの構築に着手しています。

また、世界的に半導体不足と模造品の流通が増加する事態を懸念して、半導体の業界団体SEMIジャパンは、ブロックチェーンを活用して半導体のトレーサビリティを確保する仕組みを業界全体で作る方針を2022年5月に明らかにしています。

## サステナブルな社会を実現する技術として

また、企業としてサステナブルな社会実現にどう貢献するかという視点から、ブロックチェーンを用いてトレーサビリティを確保する企業も現れています。

米国とカナダ両国政府が林業事業者を支援するために発足させた財団「U.S. Endowment for Forestry and Communities」は、他社とともに「ForesTrust」を設立しました。

これまでは、伐採された木材が違法かそうでないかを事業者が見抜くことは極めて困難でした。しかし、ブロックチェーンによるトレーサビリティ・システムを導入したことで木材の来歴が透明化され、事業者は違法伐採に関与することなく、森林保護に貢献できるようになったのです。

素材のトレーサビリティを担保することは、持続可能な社会の実現に向けたアクションでもあります。再生プラスチック材の使用サイクルにおいても、資源循環型社会のための同様の試みが各所で見られます。

ダイヤモンドの価値も、カラット数やブランドだけでは決まらない時代が来ています。ダイヤモンドの原石の採掘から加工、卸売《おろしうり》までを行う大手ダイヤモンド関連企業「デビアス」

は、自社開発のブロックチェーンを導入して、ダイヤモンドの生産管理を100％保証する姿勢をアピールしています。

サプライチェーン領域におけるブロックチェーン実装の動きが、導入後の結果を受けて、今後加速するかどうかが注目されています。

## モノの流れを可視化できない企業は淘汰される

サプライチェーンが置かれている外部環境は、近年ますます複雑化しています。一つの製品が世に出るまでの間に、複数の国や地域を経由することは、もはや普通のことでしょう。安価な原材料費や労働力と引き換えに、生産管理における上流から下流までの距離が延伸し、より複雑になっています。

新型コロナウイルス感染症の世界的な流行も、サプライチェーンに甚大《じんだい》なマイナスの影響を及ぼしました。ロシアのウクライナ侵攻のような地政学的リスクによる影響は今後も形を変えて起こりうるでしょう。原材料調達のグローバル化や供給プロセスの複雑化が進む中で、サプライチェーンの不確実性は高まり続ける一方です。

しかし、**不正や偽造、人権侵害などの問題が起きたときに、「それはわが社ではなくサプ**

**ライチェーンの他社の責任だ」と言い逃れする姿勢は、グローバル社会においてはもはや通用しません。**

今の機関投資家は、財務諸表に記載されないESGスコアのような非財務情報にも、厳しい眼差《まなざ》しを向けています。ただ単に競合他社や直接の取引相手の動向をチェックしているだけの視野の狭さでは、あっという間に時代に取り残されてしまうでしょう。サプライチェーンを追跡・把握できていないこと自体が企業としてのマイナス評価になるのです。

だからこそ企業には、デジタルテクノロジーを活用してトレーサビリティを向上させ、リスク管理対策を強化していく必要性があるのです。

## 「点」のフェアトレードから「線」のトレーサビリティへ

消費者の意識も高まっています。

とりわけ情報感度が高いZ世代より若い層は、環境や人権、社会問題により配慮している企業の製品やサービスに敏感に反応します。

「価格の安さ」「品質のよさ」はもちろん大切な判断材料ですが、「きちんとサステナブルな工程を経て店頭に並んでいるのか」という新たな物差しも、今後、ますます重要視されていくでしょう。

日本のような資源に乏《とぼ》しい輸入大国であればなおさらです。身のまわりを見渡したときに、日本国内だけで作られたものはどれほどあるでしょうか。あなたが今手にしている安価で便利な製品は、開発途上国の人たちの劣悪《れつあく》な労働環境や不法な児童労働に支えられたものではないと言い切れるでしょうか？


開発途上国の生産者・労働者と公正な取引を行い、適正な価格で売買することは「フェアトレード（公正貿易）」と呼ばれており、「国際フェアトレード認証ラベル」製品の流通によって世界的な広がりを見せてきました。コーヒーやバナナ、チョコレート、オーガニックコットンなどで認証ラベルの表示を見かけたことがある人もいるはずです。

2020年代のトレーサビリティ・システムは、このフェアトレードの流れを汲んだ発展形といってもいいでしょう。

フェアトレードが生産者という「点」に着目しているとすれば、トレーサビリティ・システムは、そうした点の過去という時系列も含めた、点と点をつないだ「線」と表現できます。

## 100%倫理的に調達されたコーヒーもブロックチェーンで

フェアトレード製品が本当に「フェア」であるのか、その真正性を担保する技術としてブロックチェーンを活用する企業も登場しています。

アフリカのコーヒー生産国として知られるウガンダの企業「Carico」は、2019年からコーヒーのフェアトレードを証明するために、ブロックチェーンを用いたトレーサビリティ・システムを導入しています。消費者は、パッケージのQRコードをスキャンすることで、そのコーヒー豆が栽培された農園の所在地から豆の品種までを確認した上で購入できます。本当に「フェア」であるかの信頼性を目に見える形で提供してくれるサービスの一種といえるでしょう。

スターバックスコーヒーも、「100%倫理的に調達されたコーヒー」を提供するために、マイクロソフトのブロックチェーンを活用して、コーヒー豆の生産情報を簡単に確認できる「デジタルトレーサビリティツール」を2020年より導入しています。

あらゆる意味で本当に「フェア」な「トレード」を実現するためには、取引情報をオープンかつ透明にし、消費者に見せる姿勢が、これからの企業には求められていくでしょう。遠い国の、顔も見えない相手だからといって、搾取《さくしゅ》を見過ごしていい理由にはならないのです。

## 信頼性の判断を小売店などに任せなくてよくなった

今やほとんどの経済活動は国際貿易なしには成り立ちません。そして国際貿易は、社会で日々起きているあらゆることに影響されます。

気候変動による自然災害、新型コロナウイルスによるパンデミック、半導体を巡る経済安全保障、ロシアのウクライナ侵攻のような地政学的争い……。

今現在、この世界では何が起きているのか。どのような枠組みが生まれ、どういった潮流が来ているのか。以前は「問題ない」とされていたことが、社会の価値観の変化によって、突然「いや、それは問題だ」と指摘されることも多々あります。

こうした各方面の動きを常に把握し、人権や環境に配慮したトレーサビリティ・システムによって取引先と消費者に対する透明性を保つことが、企業のリスク管理対策に直結しているのが今の時代です。

かつて、小さな村のようなコミュニティでリンゴが生産され、消費される時代であれば、トレーサビリティ・システムは必要ありませんでした。「今日食べるこのリンゴはAさんが育てたものだ」という事実が目に見える形であったはずです。

しかし、世界が複雑化したことによって、リンゴの生産者と消費者の距離が遠くなり、間に様々な人や企業が入るようになりました。

そうなると、消費者はどうやって購入するリンゴを判断するのかといえば、「このお店で売っているリンゴなら大丈夫だろう」という、店舗への信頼です。初めて買うリンゴであれば、おいしいかどうかは食べてみなければわかりません。そこを、「この店ならばおいしいリンゴを売っているだろう」「少なくとも、傷んだリンゴを売るような店ではないはずだ」と、店側に信頼性を判断する権限を委譲することで、消費者は購入に踏み切っていたのです。

また、店の看板やブランドだけでなく、価格帯もその価値を示すシグナルの一つでした。「いつものリンゴよりちょっと高めの値段なのだから、きっとおいしいに違いない」という期待値が購入の動機になることもあるはずです。もちろん、実際はそうとも限らないのですが、少なくとも判断を後押しする材料にはなります。

スーパーマーケットの店頭で、「私が作りました」と生産者の顔写真付きで販売されている野菜も同じです。リンゴの生産や流通に関係した数多くの人や企業のうち、生産者の顔という一つだけをわかりやすく示しているといえるでしょう。

生産者がECサイトで消費者に農産物などの商品を直接販売するD to C（Direct to Consumer）のビジネスモデルで好調な「食べチョク」も、その発展形と見ることができるかもしれません。

一方、ブロックチェーンを応用したトレーサビリティ・システムを使えば、誰でも生産や流通の履歴の情報にアクセスでき、サプライチェーンの全体をすぐにチェックできます。これがトレーサビリティ・システムの領域におけるブロックチェーンの有効性です。

## ブロックチェーンの利用はマストではない

ただし、すべてのトレーサビリティ・システムで、ブロックチェーンを活用する必要はありません。誰か特定の管理者がサプライチェーンの情報をクラウドなどに置いて、消費者がそれを参照するのでもいいわけです。事業規模や外部性を考慮すると、そちらのほうが有効性が高いという事業も少なくないでしょう。

もちろん、その管理者に100％の信頼を置けるかどうかという点を重視すれば、ブロックチェーンを活用することに価値を見出せるでしょう。余計な疑念にコストを割きたくないのであれば、ブロックチェーンにシステムを預けるのが妥当な選択肢になるはずです。

また、ブロックチェーンを基盤としたトレーサビリティ・システムを使っているという姿勢を表明することが、グローバルな競争において効果を発揮していく側面もあります。

特別対談

# 政治や社会までも変える Web3の可能性

——山本康正×筒井清輝

**筒井清輝**（つつい・きよてる）
1971年、東京都生まれ。1993年、京都大学文学部卒業。2002年、スタンフォード大学Ph.D.取得（社会学）。ミシガン大学社会学部教授、同大日本研究センター所長、同大ドニア人権センター所長などを経て、現在、スタンフォード大学社会学部教授。同大ヘンリ・H＆トモエ・タカハシ記念講座教授。同大アジア太平洋研究センタージャパンプログラム所長。同大フリーマンスポグリ国際研究所シニアフェロー。東京財団政策研究所研究主幹。専攻は、政治社会学、国際比較社会学、国際人権、社会運動論、組織論、経済社会学など。日本語の著書に『人権と国家』（岩波新書）がある。

## ブロックチェーンのトレーサビリティは人権にも貢献する

**山本**　筒井さんはスタンフォード大学の社会学部教授であり、現在は同大において社会科学系ではただ一人の日本人教授でもあります。筒井さんにとって日本語での初の著書となった『人権と国家』（岩波新書）は非常に興味深かったです。ロシアのウクライナ侵攻直前に出版された内容とは思えないほど予言的な内容も随所にあります。「人権」という見地から国際政治や社会システムを鋭く分析する、示唆に富んだ内容でした。

**筒井**　ありがとうございます。
　山本さんとの出会いは2013年の日米リーダーシップ・プログラムですから、もう10年ほど経ちますね。

**山本**　私はよく新しいテクノロジーの話をいろんな人にするのですが、筒井さんはいつも本当に楽しんで聞いてくれます。社会学や人文系のアカデミアだと「ブロックチェーンとか、自分には関係ないので」と無関心な方も多いのですが、筒井さんはそうしたところがまったくない。一般に専門性が深まるほど他領域への感度は鈍るはずなのに、人権もテクノロジーも俯瞰して捉えられるバランス感覚とシャープな分析力には驚かされます。
『人権と国家』では、「人権力」という言葉を用いて、これまでは政治家や官僚に任せておけばいいとされていた人権の問題を一人ひとりが引き受け、主体的に思考する重要性について述べられています。この方向性は、「分散性」という特性を持つブロックチェーンが社会の基盤技術になるかもしれない現状とも無関係ではないように思います。
　筒井さんは、Ｗｅｂ3と呼ばれる現在の潮流をどうご覧になっていますか？

**筒井**　ブロックチェーンに関しては、それこそ山本さんから多くを勉強させてもらいましたが、まず根本からして民主的、非中央集権志向ですよね。中央集権型の金融システムへのアンチテーゼとしてビットコインが生まれている。

**山本**　おっしゃる通り、金融の民主化ですね。

**筒井**　私は、ブロックチェーンの鍵は、中央政府などに頼らないトレーサビリティだと感じています。

例えば、私の専門は人権ですが、移民や難民が行わなければならない煩雑な手続きが、ブロックチェーンによって情報がたどりやすくなることで簡素化されるのであれば、すごくいいことだし、ある意味で人権への貢献にもなります。

サプライチェーンも同様です。買おうとしている服のコットンはどこの国で栽培されたものかを管理できるようになれば、人権状況の改善に役立つでしょう。

武器の輸出入・販売の履歴追跡が容易になれば、紛争に使われる武器の流通を減らせる可能性が高まるかもしれないし、銃乱射事件が続く米国の銃規制にも役に立つかもしれません。

ただし、トレーサブルになることは諸刃《もろは》の剣《つるぎ》でもあります。

例えば、選挙で誰が誰に投票したかが明らかにされたら困りますよね。国の権力者がそれを突き止めるようなことがあれば怖い。民主主義というシステムに変更を加えられる危険性もあると思います。

**山本**　ブロックチェーンでは匿名性を担保できる形も組み合わせられるのですが、確かに、プライバシーに関しては工夫の余地がまだまだありそうです。

## 本当に「1人1票」が最適なのか？

**筒井**　今の米国では「民主主義をどう立て直すか」というのが大きな課題としてあるように思います。日本やドイツのように大衆民主主義の恐ろしさを経験してこなかった米国で、トランプのような人が大統領になってしまったわけですから。

**山本**　何でもかんでも大衆に任せるシステムには危うさもあります。

**筒井**　ブロックチェーンを使うことで、投票制度に工夫をする余地もあるのではないでしょうか。

17歳まではゼロ票だけれども、18歳になった途端に1票持てる。30歳になっても、80歳になっても、変わらず1票持っている、という今の制度も、よく考えたらおかしな話かもしれません。例えば、国政選挙に限っては、15歳から17歳までは練習段階として0・5票、18歳になったら一人前で1票、85歳になったら0・5票になる、というように、票のウェイトを変える制度があってもいいかもしれない。

もちろん、1人1票を勝ち取るまでの民主主義の歴史を振り返るとセンシティブな問題提起ではあるのですが、運転免許証だって18歳以上しか取れないし、高齢者には返納してもらおうといっているわけですから。

**山本**　年齢以外でも、「この政策課題について専門知識を持つ人の票のウェイトを倍にしよう」「専門知識を持つ人に自分の票を預けよう」といったこともできるかもしれません。ブロックチェーンが意思決定の仕方を変えていける可能性は大いにあると思っています。

**筒井**　時間はかかりそうですし、抵抗もあるとは思いますが、地方レベルから少しずつ試していく価値はある気がします。

## ブロックチェーンで選挙不正はなくせるのか？

**山本**　今は、デジタル化が進んだことによって、地理的な区分けの意味がだんだんと薄くなっています。現在は、自治体のことはその自治体の住民が決めていますが、トークンの利用が広がれば、住民でなくとも、その自治体に関わる人たちが広く意思決定に参加できるようになります。

例えば、京都には国内外から様々な観光客がやってきますよね。その人たちに「京都トークン」を配って、トークンが多い人、つまり、京都を頻繁に訪れる人には、「○○公園の改修に賛成か反対か」「京都発のこのプロジェクトに参加するかどうか」などの通知を送って、意思決定に参加してもらうこともできます。それが、よりよい意思決定につながるかもしれません。

**筒井**　外から新しい人を呼び込みたいと考えると、そういう発想も出てきますね。

ところで山本さんに聞きたかったのですが、投票をブロックチェーンに紐付けて行えば、不正はほぼ完璧に防げるのでしょうか？　前回の米国大統領選挙では、トランプ候補が不正な選挙だと騒いで何度も再集計をしたのですが、ブロックチェーンを使えば、こうした事態を避けられますか？

**山本**　そこは難しいところです。投票をブロックチェーンに載せてしまえば改竄はほぼありえませんし、もし改竄されてもその履歴が残るので、誰がどこで不正をしたのかも追えます。けれども、ブロックチェーンに載せる前の段階で不正をされてしまうとダメなんですね。最初にブロックチェーン上に情報を刻むところで、生体認証などで確実性を担保しないと危ういです。

**筒井**　じゃあ、私が投票所に行き、顔認証システムなどで確実な本人確認をした後、投票所にある何らかの端末で投票すれば、正しい情報がブロックチェーンに刻めますか？

**山本**　それでも、もしその端末に細工をされて、例えば、画面上の「候補者A」のボタンを押したら「候補者B」に投票されてしまうようにされてしまっていたら、間違った情報がブロックチェーン上に刻まれて、それがずっと残ることになります。

ただ、同様のリスクはアナログでもあるので、ブロックチェーンのリスクというわけではありません。

帰宅後に、選んだ人にきちんと投票できていることが確認できるようにすれば、問題ないかもしれません。再集計のような無駄な手間はかなり減らせると思います。

**筒井**　それであればかなり有用ですね。投票手続きがさらに簡素化されれば、マイノリティの声もすくいあげやすくなることが期待できそうです。

## SNSの民主化でフェイクニュースを減らせる

**山本**　新しいテクノロジーが登場すると、必ずいい面と悪い面が現れます。

ツイッターで誰もが自分の意見をいえるようになってエンパワーメントされた、ティックトックで動画を投稿できるハードルが下がったというのは、いずれもそこだけを見れば民主化であり、いいことなのですが、それがゆえにフェイクニュースや悪質なディープフェイク動画が出回るようにもなってしまいました。

ロシアによるウクライナ侵攻がSNSでどう扱われているかを見ても、それは明らかです。声を合成し、顔も入れ替え、巧《たく》みに編集されたフェイク動画を見て、「ロシアは正しいことをしているんだ」と思い込んでしまう人も大勢いますから。

ただ、こうした弊害も、いずれはテクノロジーで解決していけるはずです。

**筒井**　ブロックチェーンの技術で、フェイクかどうかを判断することはできないんですか？例えば、ウクライナから発信されている動画が改竄されているか否かの区別がつけられるとか。

**山本**　現状では、そのあたりにブロックチェーンはあまり活用されていません。それでも、それぞれのSNSのサーバーが情報を記録しているので、それをたどっていけば、どこが情報源かはわかる仕組みになっています。公開情報だけでも、いつ、どこの言語圏で開設されたアカウントか、といったことはわかるので、そこからある程度判断することも可能です。本来は、人道面での社会的責任を果たすという意味で、ツイッター社などのプラットフォーム側がすべきことなのですが。

もしSNSの投稿がブロックチェーンに載せられる仕組みができれば、フェイクニュースを見極める判断がより強化されるでしょう。そうなるとツイッター社などがやらなくても、ユーザーたち自身がフェイクニュースを監視・解析できるというメリットがあります。

今のところは、そうした動きはまだ見えていません。フェイクを生み出す側と発見する側のイタチごっこが延々と続いている状況です。

**筒井**　なるほど。ブロックチェーンが政治や行政、社会をどう変えていくかという今日の論点からすると、やっぱりトレーサビリティという特性が果たす役割は非常に大きいですね。トレースが可能になることで、どこで誰に責任が生じるかも見えてくる。そして、トレーサビリティによって、アカウンタビリティ（説明責任）も生じてきますから。

## マイナンバーカードはなぜ普及しないのか

**山本**　プライバシーに配慮しつつ、必要な情報だけを引き出す、「ゼロナレッジ証明」と呼ばれる技術もあります。例えば、卒業年度は問わないので、ある人が本当に某大学を卒業しているのかどうかという一点だけを確かめるということも、ブロックチェーンであれば容易です。

**筒井**　米国で暮らしていると事情がわからないのですが、日本のマイナンバーカードがなかなか普及しないのは、やはりプライバシーへの懸念があるからなのでしょうか？　マイナンバーカードに紐付けることで、色々とできることが広がると思うのですが。

**山本**　政府への信頼に関係するでしょう。プライバシーの情報を国家権力によって悪用されたらどうなるんだろうと、不安を感じている人が多いことが要因の一つだと思います。

でも、ＩＴ大手だって、警察から捜査の要求があれば、個人のメールの中身を調べることはありえます。会社における私用メールを会社が見ていることもあります。

しかし、グーグルは「自分たちは見ません」と表明している。だからユーザーは、機械学習解析で関連広告の表示はされても、メールの中身を人が読むことまではしないだろうと信じて、かつ、無料で使い勝手がいいから、Gmailを選ぶわけです。

政府は、本来ならば、「選ばれる側」である意識を持つことが必要だと私は思っています。「マイナンバーカードを作ったから使え」と差し出されても、利便性への理解が浸透しなければ、「じゃあ、個人情報を預けよう」という気にはなかなかならないでしょう。

ちょっと極端かもしれませんが、いろんなユーザーインターフェースがある中で、「あなたのアイデンティティを認証するのに、アップル、グーグル、政府純正システムという選択肢があります。どれが一番いいですか？」とユーザーに選んでもらうくらいにまでいくことが、本来のフェアなシステムの構築の仕方なのかもしれません。

**筒井**　通貨も同じかもしれませんね。中央銀行の法定通貨を信じるのか、メタ（旧フェイスブック）が発行する暗号資産のリブラを信じるのか。リブラの発行は断念されましたが。

**山本**　同じですね。そこまでの意識が、おそらく既存の体制にはないのでしょう。

## 新しいテクノロジーは必ずエラーが起きる

**筒井**　私はマイナンバー制度ができた頃には渡米していたため、ちょっとわからないのですが、かつての日本ではむしろ「親方日の丸」という感じで、国民が政府を無条件に信じ切ってしまう空気があったように思います。少なくとも、海外ではそういう風に見られていました。米国は、本来はその真逆なんです。憲法修正第2条には「武器保有権」が規定されていて、銃を持っていい権利がある。なぜなら、政府を信用していないから。何か起きたら皆が銃を持って立ち上がるようにできている。

一方で、連邦政府を信用していないはずの米国の国民は、別段疑問を持たずに、日本でいうところのマイナンバー、ソーシャルセキュリティナンバーを使っているんですね。この日米の逆転現象みたいなことが、私にはすごく不思議なんですよね。

**山本**　日本の場合は、政府への信頼の低さもありますが、2013年にJR東日本がSuicaの利用履歴の情報を日立製作所と活用しようとして、メディアが不必要に騒いだ件も影響しているように思います。新たなサービスを開発するためで、情報は匿名化されており、当時の個人情報保護法においても問題なかったのですが、メディアが大騒ぎして、ビッグデータの扱いに対する人々の不安を刺激してしまったんですね。あれが傷になっている気がします。

ソーシャルテックの文脈では、新しいものに対する信頼がとても大事です。最初から100％完璧なテクノロジーは存在しません。新しいものには何かしらエラーが起きます。そのエラーを恐れて慎重になりすぎているのが、今の日本人だと思います。

もう一つ、日本では意思決定者のテクノロジーに対するリテラシーが低すぎて、一部の政治家がきちんと音頭が取れていないのも大きい。このソーシャルテックのここが重要で、10年後にはこうなるから、今導入する必要があるのだ、とはっきり言い切れる政治家がいない。また、都合のいいことばかりをいう人も周りにいます。英語で確認すればわかるズレなのに。こうした要素が連鎖して、今の状況を招いているのでしょう。

ただ、最近デジタル庁が作った「新型コロナワクチン接種証明書アプリ」は、シンプルで使い勝手の評判がいいんですよ。こうした成功例を一つずつ地道に積み重ねて、信頼を得ていく。それが、ソーシャルテックが進む王道かなと思います。

**筒井**　ワクチン接種証明書は、ブロックチェーン化に適している感じがしますね。

**山本**　そうですね。戸籍や不動産登記なども、ブロックチェーンとの相性がいいでしょう。

**筒井**　日本の書類手続きの多さはあらゆるところでよく聞きます。会社の設立から研究者による助成金の申請、種々の報告書まで、とにかく必要とされる書類が多すぎる。それを簡素化する方向に、ぜひ進んでほしいですね。

**山本**　民間企業であれば、簡素化することでコストが減って利益が上がったということになればインセンティブが湧きますが、行政の場合はそういったインセンティブがない。むしろ、新しい仕組みを採用して不具合があったら、最悪、降格なので、当然、改革が進まない。そうした構造を変えるところから、まず着手すべきでしょう。

## 「真ん中」の人たちがネットの世界から消えている

**筒井**　もう一つ、聞いておきたいのが、民主主義、ポピュリズムとネット社会との関係についてです。

Ｗｅｂ２・０の時代になって、皆がＳＮＳで双方向に発信できるようになった。でも、政治の言説の世界では、ネットで発信する人は偏っている傾向にありますよね。強い意見があって、特定のイデオロギーにコミットしている人ほど、積極的に発信しているし、「いいね」をもらうために極端な発言をしがちになる。

そうなると、どんどん発言者が両極に振れていって、ものすごく右寄りか、ものすごく左寄りの人ばかりになって、「真ん中」の人たちがネットの世界からいなくなっていく。これって結構な大問題だと思うんですよ。

私の友人の社会学者が、「共和党支持者に民主党のサイトやSNSを1カ月間見てもらい、民主党支持者に共和党のサイトやSNSを同じ期間だけ見てもらう」という実験を行ったことがあります。

私たちは子どもの頃から「相手の意見を聞きましょう」と教わって育ちますよね。では、実際に異なる政治信条を持つ人の意見を聞き続けたらどうなるのか、という実験だったのですが、結果は、共和党の人はさらに保守的に、民主党の人はさらにリベラルになったんですね。相手の意見を取り入れるどころか、むしろ「やっぱりあいつらは間違っている」と自分の信念がより強固になってしまった。

これはネット上での言説が極端なものであるためで、穏健な保守とか穏健なリベラルの言説に触れれば少し自分と違う意見にも同意するかもしれないのですが、自分とは反対の立場の極端な言説に触れたら、やはり拒絶反応を起こしてしまいますよね。

では、これがWeb3の世界になったら、どうなるのか？

トレーサビリティやアカウンタビリティがあるネットの世界では、対立構造は深まるのか？　それとも相互理解ができるようになるのでしょうか？

もう一つ、私の同僚で、日本でも『侵食される民主主義』（勁草書房）という本が翻訳されたラリー・ダイアモンドという政治学者がいます。彼のグループが行った研究によると、支持政党の違う人々であっても、10～15人ほどの規模で同じ部屋でじっくり話し合えば、お互いの意見をある程度理解し合えるし、相手の背景や立場も見えて落としどころが見つかるそうなんですね。ところが、ネット空間だと、顔も知らない同士が極端な主張をして攻撃し合うだけ、ということがわかったんです。

この10～15人でなら実現する関係性を、米国全体にどうスケールするか。これが、ラリーたちが立ち向かっている大きな課題であり、ポピュリズムの台頭によって今の社会が直面している課題だと私も感じています。

Web3の社会においてこの課題に向き合ったとき、民主主義の質を上げるための取り組み、可能性はあるのか？　山本さんはどう思われますか。

## スマートコントラクトで民主主義の質を上げられる？

**山本**　一つの切り口として、スマートコントラクトが有効だと思います。

例えば、東京都知事になった小池百合子氏が、「花粉症ゼロ」という公約を発表したことがあるのですが、本当にゼロになったかどうかを今も気にしている人はほぼいません。公約って、選挙が終われば忘れられてしまいますよね。

ですが、特定の条件が満たされた場合に決められた処理が自動的に実行されるスマートコントラクトで公約をブロックチェーン化しておけば、例えば、「公約が達成された場合、次の投票で獲得票数を１・２倍にして計算する」など、公約を実現した候補者に有利なルールを設定しておくことも可能になります。逆に、公約が一つも果たされなかった場合は、獲得した票の重みを減らすこともできる。

そういうルールをブロックチェーンに組み込むことによって、結果的に民主主義の質を上げることにつなげられる可能性はあると思います。

もう一つは、これはまだ仮説ではあるのですが、先ほどのお話に出た「10～15人で実際に会えば、異なる政治信条の持ち主同士でも落としどころを見つけられた」という実験結果を応用することはできる気がします。

「ディスコード」などのアプリのコミュニティには、テーマ別などでいろんなグループがありますよね。そのグループの中に少人数で話し合える場を作り、そこでトークンなどを使って投票や意思決定をする、ということができるかもしれません。

**筒井**　それは面白いですね。

**山本**　その延長線上にあるのがＤＡＯかもしれません。

例えば、あるアプリの開発プロジェクトにＤＡＯを使ったとしましょう。「このコードはよかったね。だからあなたには10トークンあげます」というように、正当なレビューとともに成果報酬が得られる形になると、個人が集団の意思決定に関わりやすくなる仕組みが自然とできあがっていきます。

これをさらに拡大させて、会社、国家に応用していくことも不可能ではないと思います。「あなたはこれだけ国に貢献したから、栄誉のしるしをあげますね」というのが、まさに国家が授ける褒章ですよね。

Ｗｅｂ３の社会では、テクノロジーの力によって、そういったことが現実性を帯びてくるかもしれません。

## Ｗｅｂ３の社会で影響力を持つのは誰か

**筒井**　では、社会運動やアクティビズムは、２０２０年代以降の社会ではどう変化していくと思われますか？　新たな形態での社会変革への道筋などは見えてくるでしょうか？
かつては「１億人の飢餓《きが》を救う」というコピーを掲げたライヴ・エイドのような大規模チ

ャリティコンサートが開催されたりしていましたよね。でも、ここ数年は、NFTが登場したことによって、デジタルの莫大なお金が世の中を大きく動かしている。坂本龍一氏の曲の1音やマイケル・ジョーダンがダンクをしているハイライト動画がNFT化されて価値がつくということは、セレブリティのパワーがますます威力を持ってくるということでしょうか？　そして、それを活かした問題発信や啓発活動などはありえるでしょうか？

**山本**　NFTは、セレブリティが有利になるというより、クリエイターエコノミーが活性化することに意味があると私は思っています。これまではできなかったクリエイターへの還元ができるようになりました。

NFTであれば、売買されればされるほど、売上の一部がクリエイターに還元される仕組みができます。これまでは、一度売ればそれきり。転売されてもクリエイターには収入が入りにくかったのです。売上の還元が創作のモチベーションになり、クリエイターエコノミーが活性化されるところに意味があります。

**筒井**　セレブリティがより儲けられる仕組みではなくて、新たなクリエイターが出てきて力をつけることが可能なのですね。

**山本**　儲かるセレブリティも一部にはいます。セレブリティがエンパワーされるという意味でも、NFTは非常にいいツールでしょうね。

そして、クリエイターも、収益を上げることで、発言力を増していく。
これまでは、クリエイターとファンや消費者の間には、調整弁の役割を果たす第三者が存在するのが普通でした。誰を番組に出すか決めるのはテレビ局であり、「この人の本を出版したい」と企画を出すのは出版社です。その調整弁がだんだんと開放されてきている。言葉を変えると、調整弁が機能しなくなってきている。
例えば、自民党がどれほど権力を握っていても、バイトダンスに掛け合って「このティックトックのアカウントを止めるように」と指示することはかなり難しい。よくも悪くも調整弁が働かなくなりつつあるから、アクティビズムがより起こりやすくなり、より大衆化されているのが現状だと思います。
**筒井**　じゃあ、セレブリティでなくとも、面白いものを作れば、NFTで儲けることができるし、影響力のある発信もできるかもしれない？
**山本**　可能性はありますね。ユーチューブもそうでしたが、何も持っていない人のほうが強いことも多々ありますから。お金があって忙しい人よりも、創作に時間を使って、たくさんアウトプットできる人のほうが有利です。
**筒井**　例えば、都市によってマンホールの蓋のデザインが色々違ったりしますよね。ああいうマンホールの蓋の写真をたくさん撮ってNFT化したら、それがお金になることもあったりするんでしょうか？　あるいは、マンホールファンのＤＡＯができて、それがなんらかの形でマネタイズされるとか。

**山本**　それは、どちらかというと、ゲーミフィケーションに意味があるかもしれませんね。すべての都市で異なるマンホールの蓋を撮影し、そのＮＦＴ化したデータを皆で共有するゲームを作ることで、ユーザーは楽しめるし、マンホールの蓋の点検をする作業員のコストがかからなくなる。ゲーミフィケーションも、これからの時代を読み解く一つの鍵かもしれません。

**筒井**　クリエイターにもセレブリティにも一般人にも、従来になかったビジネスと発信の可能性が広がっているわけですね。

ＤＡＯを作っての社会変革への動きというものも出てきていますが、ＮＧＯが出てきたときとやや似ているところがあるような気がします。政府機関では難しいようなきめ細かいソーシャルサービスの提供とか、政府関係者にはなかなか思い付かないような社会変革のあり方などを作ってきたのはＮＧＯですが、ＤＡＯはそれを発展させる可能性があるように思います。

ＮＧＯでも、一応政府に登録して税制の優遇措置を受けたりとか、色々とややこしいことがあるのですが、ＤＡＯだとそのあたりがより民主化されて、同じ志を持つ人々がリソースを持ち寄って社会を変えることがやりやすくなるのでしょうか？

**山本**　ＤＡＯはＮＧＯと相性がいいとは思います。誰かがアイデアを持ち、活動を始めて、徐々にそれが大きな活動になっていく。ＮＧＯとして登録するまでの期間や、ＮＧＯと並行して、参加の敷居が低い入り口として社会的に意義のある活動を行える可能性があります。ただ、同時に、詐欺ではないかというチェックもとても重要です。

## 他者への共感と進化したツールが人権意識を生んだ

**山本**　新しいテクノロジーが人々や社会の思考、価値観を変えていくということは、いつの時代も起きてきたことです。『人権と国家』にも、写真という新技術が普及したことによって、他者の痛みや苦しみへの共感の範囲が広がり、それが人権意識につながっていった、という記述がありました。

**筒井**　他者への共感は、人権の規範が発展していく上でとても大事なものでした。小説や物語を通じて、違う階層、違う性別、違う宗教の人たちのことを、同じ人間として理解できるようになったのが18世紀頃と考えられています。

19世紀頃になると、遠い地で起きている残酷な出来事が絵画として描かれ、そこからまた人権の意識が広がっていきました。

さらに、20世紀に入ると写真が、20世紀後半にはテレビという新たなジャーナリズムが普及したことによって、リアルタイムで起きている様々な事件を映像と音声で共有できるようになりました。

その後、登場したのがインターネットでした。今まさにウクライナで被害に遭《あ》っている人たちの動画がSNSで瞬時に世界中に広がっていくような世界が到来したことで、共感はさらに広がり続けています。

**山本**　昔であれば存在すら知らなかった悲劇や情報が、テクノロジーの発展とともに様々な形で入ってくるようになった。このことが与える影響は大きいでしょうね。

**筒井**　だからといって、皆が人権のために行動を起こすとは限らないのですが、意識に入るようになったことで、私たちの思考や行動に変化がもたらされたことは間違いありません。

人権というと日本では「道徳」や「思いやり」といった言葉に包括されがちなのですが、もともと歴史的には、「自分の意見を主張できること」「自分の思うように生きられること」こそが人権なんですね。特に西洋においては、国家は個人の権利を制約する存在でした。それに抗《あらが》う形で発展を遂げてきたのが西洋社会です。

権力者の抑圧や横暴に気をつけなければいけないのは日本社会も同じですが、日本の場合は、「上」だけでなく、「横」にも同調圧力という名の権力が潜《ひそ》んでいます。もちろん、どこの社会にも、程度の差こそあれ、同調圧力は存在するものですが、日本の場合は明らかにその傾向が強い。権力者の横暴以上に、横からの監視、周りの人とちょっと違うことをやっているとか服や髪の色が違うとか、そういうところで揶揄するような声が降りかかってくる。

本当は自社の行為が正しくないことだとわかっているが、会社員である以上、それは口に出せない。そうしたビジネスパーソンもいますよね。それでも何らかの形で「同意していない」という意思表示を外に出してくことは、人間としてとても大切だと私は思っています。

例えば、差別的なニュアンスのある冗談を誰かがいっても、一緒になって笑わない。笑って受け流すのではなく、笑わない。「それはおかしいんじゃないですか」といえれば、それが一番いいですが、笑わないだけでも一種の意思表示になりえます。

もちろん制度作りも必要で、会社の中で声を上げる人のために匿名性を確保するための仕組みなども、組織は整備しなければなりません。

まずは自分の身のまわりから始めていく。それがどんどん派生して、いずれは大きなところまでつながっていくんじゃないかなと思っています。

**山本** フェイスブックには、「いいね」数を非表示にできるオプションができましたね。「いいね」の具体的な数を表示しないことによって威圧感を出さないようにするという取り組みが２０２１年から始まっています。
そういった小さな工夫が増えていくことで、だんだんと声を上げやすい、意思表示をしやすい社会に近づいていけるのかな、という期待はあります。
**筒井**　ツイッターには、そうしたオプション機能はまだないですよね。リツイートや「いいね」の数も全部表示されますよね？
**山本**　そういう意味では、ツイッター社はまだ「人権力」が低いといえるかもしれません。
**筒井**　バブルの時代には、大企業の社員が海外でセクハラ問題を起こしては、よくメディアで騒がれていましたよね。それと同じで、今は人権感覚がないまま海外に出てしまうと、企業にしても個人にしても、ただ恥をかくだけでは済みません。罰せられてしまうかもしれないし、悪いイメージが定着してしまう恐れもある。人権意識が低いということは、他者への共感がないのと同じことですから、当然、評判は落ちます。

## わずか3日の遅れで批判されたユニクロ

**山本**　デジタルテクノロジーの実装の遅れだけでなく、人権意識の不足も、日本企業全体の課題に見受けられます。

**筒井**　ESG投資や人権デューデリジェンス（人権への取り組み）の動きに後押しされて、企業の社会的責任について、政府も少しずつ動き出してきています。

日本には、人権という表現ではありませんが、江戸時代から続く近江《おうみ》商人の「三方良し《さんぼうよし》」の精神があるということがよく持ち出されます。

ただし、今の時代は、その精神を具体的なアクションで、しかも最大限スピーディーに表明していかなければならない時代になっています。

例えば、ロシアによるウクライナ侵攻が始まった後、ユニクロを展開するファーストリテイリングの柳井正会長兼社長は、「衣服は生活の必需品。ロシアの人々も同様に生活する権利がある」と述べ、ロシアから撤退せずに営業を続けると発表しました。しかし、世間の猛反発や不買運動の声を受けて、3日後には方針を転換。ロシア国内の全50店舗の営業を一時停止しました。

この一件を通じて、人権に配慮すること、そしてリスクマネジメントは、初動がいかに大切かを痛感した企業も多いでしょう。発言を撤回するまでわずか3日でしたが、それでも遅すぎたのです。最初の一手で、すでに印象が決定付けられてしまった。

**山本**　普段からそういったシナリオを想定して対応策を考えておかないと、いざ事態が起きたときには対応が間に合わない時代ですよね。

ちなみに、筒井さんが考える「優秀」な人材の定義は何ですか？　スタンフォード大学の教授として、それこそ世界中から集まった優秀な若者たちに日々接していると思いますが、優秀な学生の共通点はありますか？

**筒井**　問題設定が自分でできる人でしょうか。

ゴールを決めて前に進む力や問題を解決するノウハウも必要ですが、社会に対する広い理解を持ちつつも、自分なりの視点からの問題設定ができる人に出会うと、年齢に関係なく、この人はすごいなと感じますね。

## 「わからない」から素直に始めよう

**山本**　DAOやNFTは、誕生してまだ数年です。伸びしろはいくらでもあるはずです。だからこそ、そこからどう問題を見つけ出し、取り組んでいくかが鍵になってきます。

「人権力」の話に戻すと、先程のお話のように、人間は小説や絵画、写真、映像、インターネットの登場によって、共感と人権力を拡張させてきました。次々に登場する新しいデジタルテクノロジーに、ビジネスパーソンとして、どのようなスタンスで向き合っていくべきだと思われますか？

**筒井**　わからないことは素直に認め、わかる人の意見を聞く。何かを学び、成長していく上で最も大切な姿勢はこれに尽きると私は思っています。

力や地位がある人が、わからないことをわかったような顔をして、部下に指示を出すような構図は、組織と個人、双方にマイナスしかありません。邪魔なプライドは捨てて、デジタルテクノロジーを肌感覚で理解している若い世代の意見に真摯《しんし》に耳を傾けるべきだと思います。

Ｗｅｂ３そのものが非中央集権的で民主的な性格を持っているとすれば、それが広まっていくことで、共感の範囲が広がったり、権力構造が変わったりして、人権に資するところがあるかもしれません。技術をどういう風に実装していくかというところにかかってくると思いますが、「人権力」を強化するような方向に持っていきたいものですね。

**山本**　本来ならば互いが対等な立場になってのディスカッションが望ましいですが、目上の人を立てる精神が根付いている日本の企業文化を考えると難しい面がありますね。メンツを立てつつ、新しい技術を実装していく。これが現実的な方法でしょうか。

Ｗｅｂ３界隈の新しいテクノロジーを導入するにあたっては、裁量権を持つ上の人間が枠組みを用意して、最前線に立つ若い世代が実装レベルで動いていく、という方法がベストな気がします。上に立つ年長者だからこそできる調整事項があるし、若い世代だからこその肌感覚もある。そこをうまく掛け合わせることで、ソーシャルテックを前進させることができるはずです。

おわりに

# ブロックチェーンの価値を体感するためには

ブロックチェーンとそこから派生したデジタルテクノロジーは、この先のビジネスや社会、そして個人の生き方をどう変えていくのか。

本書では、NFT、DAO、そしてトレーサビリティを中心に、ブロックチェーンが起こす変化について解説してきました。ブロックチェーンが次世代の基盤技術となる可能性を秘めた技術であることは、もう十分に伝わったのではないでしょうか。

とはいえ、概念や理論だけでは、なかなか実感を伴った理解に至らないかもしれません。もしもあなたが理解の深度に不安を感じているのであれば、まずは試しにブロックチェーンを使った技術に触れてみてください。

今のあなたが関わっている仕事から一番近そうなところ、もしくは本書を通じて関心を持った入り口、どこからでも構いませんので、試しに一歩だけ足を踏み入れてみてください。

ブロックチェーンを応用した取り組みに触れ、「自分で動かす」体験は、Web3の世界を理解するための最も手軽で確実な方法になるでしょう。

もちろん、まだ誕生して間もない技術ですから、すべてにおいてスムーズにいくマニュアルが用意されているとは限りません。想定通りにサービスの開発が進まないこともあれば、詐欺にあったりするリスクもあるでしょう。ウォレットがハッキングされることもあるかもしれません。

それでもやはり、**遠巻きにただブームを眺《なが》めて終わるのではなく、手を動かしてみることで初めて得られる知見はあります。**

もし暗号資産に興味を惹《ひ》かれたのであれば、まずは失ってもいい少額で試すことをお勧めします。世界で起きる出来事が暗号資産の値動きにどのような影響を与えるのかを追いかけてみると見えてくる風景があるはずです。目的は投資で儲けることではなく、暗号資産がどのような値動きをするのかを体感するためですから、あくまで少額に抑えておくことを忘れずに。

学んでみるという意味で、NFTゲームに挑戦したり、興味のあるDAOのプロジェクトに参加したりするのもいいでしょう。

そういった個人の体験を通じて、他の人々はＮＦＴやＤＡＯのどこに価値を見出しているのか、自分にとってはどんな価値が見つかったのか、もしくは価値を感じられないのであればそれはなぜなのかを、実地で検証し、分析しながら学んでいきましょう。

ＤＡＯでは価値分配ができますが、一方で、意思決定が多数決で決められてしまうため、理想の分散型自律組織と現実には、まだギャップがあります。オンラインサロンにも似たような構造がありますが、運営者や賛同者の理想と現実とのギャップに常に着目してください。

ＡＩと同じで、ブロックチェーンは魔法でも何でもありません。分散型台帳という技術の一種であり、その特性によってできることもあれば、不向きなこともあります。必ずしも既存のすべてと置き換えていく必要はないのです。

## 「怪しそう」と先入観だけで新しい技術を敬遠していないか

これはブロックチェーンに限った話ではありませんが、一般的に人は年齢を重ねるほどに新しいことに挑戦する気力が失われる傾向にあります。

しかし、「よくわからないし、何だか怪しそうだ」という思い込みだけで新しい技術を敬遠していては、時代の変化の本質を見抜く目は養われません。

マーケティングの大家である経済学者のセオドア・レビット博士は、「人々が欲しいのはドリルではない。穴が欲しいのだ」という格言を残しています。

消費者が欲しいのは「ドリル」という製品ではありません。真に求めているのは、「穴を開ける」という目的を叶《かな》えてくれるための道具であり、方法なのです。

さらに一歩踏み込んで、「何のために穴を開けようとしているのか？」を顧客にヒアリングして、その理由がわかれば、穴を開けなくても目的を達成できる場合もあるでしょう。顧客がまだその存在を知らない近未来のテクノロジーを理解し、目的達成のために提供することができれば、そこに大きな価値が生まれます。

自分たちの顧客や取引先は何のために「穴」を開けようとしているのか。その本質を突き詰め、考え抜いていく。

そして、ブロックチェーンが有用な道具であると感じたのであれば、新たに取り入れる価値は、もちろんあるでしょう。

近い将来、ブロックチェーンよりも適した「道具」が見つかるのであれば、そちらを使ったほうがいいかもしれません。

いずれにせよ、自分自身が動き、知り、学ばない限り、フィットする道具を見つけることは困難でしょう。

## NFTの入り口を広げたアドビの例

顧客の必要としている道具だけでなく、顧客が目的としていることも考えた上で、ブロックチェーンを最適に取り入れた企業の事例を一つ紹介しましょう。

PDFファイルの編集で使う「アクロバット」をはじめ、「フォトショップ」「イラストレーター」などのデジタルツールを提供するアドビは、皆さんご存じでしょう。

同社は2019年、デジタル認証を通じてコンテンツ製作者の権利が守られるように、「コンテンツ認証イニシアチブ」を、ツイッター社、ニューヨーク・タイムズと共同で立ち上げました。2021年にはそれをNFTと接続することで、誰が、いつ、どのようにデータを制作したのかの記録を残す機能を実装しました。つまり、いうなれば、クリエイター業界の「トレーサビリティ・システム」の実現です。

アドビのこの新機能の提供によって、プロ・アマを問わず、すべてのクリエイターにとって、NFTマーケットへの参加が容易になりました。

自分が制作した作品をどうマーケットに出していくかは、それまでは個々のクリエイターが担わなければならない領域でした。けれどもアドビは、NFTを活用して出品するクリエイターが増えているトレンドを正確に捉え、自社がそこを一気通貫でカバーすれば利用者の負担が減り、作品制作に集中できるというプラスの価値が生まれると考えたのでしょう。

現状の仕組みと不足している部分を認識し、自分たちの業界で起きつつある地殻変動を把握していなければ、この発想はなかなか生まれなかったはずです。

## なぜ上場企業が続々と早期退職者を募集するのか

今の時代、どれほど巨大な利益を生み出していても、「守り」一辺倒で安定経営を実現できている企業はほぼ存在しません。業界で確固たるポジションを築いた老舗の大企業であっても、「下」や「外」から猛追されているのが実情でしょう。

この流れは、当然、個人にも降りかかってきています。

コロナ禍の影響もあって、早期退職者を募る上場企業が相次いでいます。

２０２２年には、富士通が50歳以上の幹部社員を対象に早期退職を募り、３０００人以上が応募したことが発表されました。ＪＴ（日本たばこ産業）も国内事業の見直しで約３０００人が希望退職に応じています。

自動車業界のＥＶシフトを見据えたホンダもまた、主に50代を対象に２０００人の希望退職者を募集しています。パナソニック、フジテレビ、オリンパス、武田薬品工業、オリオンビールなど、誰もが社名を知っている大企業も同様に大規模なリストラに踏み込んでいます。

いずれも狙いは、人員の入れ替えを促進し、より優秀な人材を採用して、組織を強化することでしょう。

こうした大規模リストラの背景には、現在の管理職が担わされている仕事が「社内の調整役」であることも大きいように思います。

新しいテクノロジーによって能力と貢献が可視化され、自動的にボーナスや評価につなげる役割をシステムが強化してくれるのであれば、これまでのように調整役の人間がする必要性は低くなるでしょう。

多くの日本企業には、残念ながら、もう社員を守ってくれるほどの力はなくなりつつあります。組織の中でよいポジション争いをすることの意味が弱まりつつあります。組織の外でも生きていかなければならず、だからこそ、ビジネスパーソンは粛々《しゅくしゅく》と自分の能力を磨き続けていくしかないのです。

そのための訓練として、**投資家の目線を持ってみる**ことも有効です。

例えば、もしも今、１億円があったら、あなたはどこの企業に投資しますか？

次世代のＧＡＦＡＭのような勢いで売上高10兆円を目指すスタートアップ企業にするのか、創業１００年の歴史を持つが利益率が２％しかない企業か。言語の壁をなくすと、当然、人口減少が見込まれる日本だけでなく、海外の企業も視野に入ってくるでしょう。

そうした比較検討を重ねた上で、「ここになら１億円を投資してもいい」と思えるのは、果たしてどのような企業でしょうか？

そんな思考実験をするだけでも、見える風景が違ってくるはずです。

## 個を磨くことが新時代の活路になる

「この会社でしか働けない」「今の部署でなければ価値を発揮できない」という人材ではな

く、「どこへ行ってもある程度は価値を発揮できる」優秀な社員を集めて強い組織を作っていく。一人ひとりが個としてのタフな力を持ったアスリートが集まって結成され、新しい優秀な人材も国境を越えて絶えず主体的に獲得するプロスポーツチームのような組織でなければ、グローバル化する世界に立つ会社としての競争力は保てません。

だからこそ、**自分自身の視野や交友関係を、業界外や海外にも意識的に広げていきましょう。**

新しいテクノロジーを体験することを厭《いと》わず、自分から接点を作りに行きましょう。誰かが導いてくれるのを受け身になって待っているだけで、ブロックチェーンの価値を本当の意味で知ることはできません。新しい道具にどのような価値が秘められているのかを自分から探究しに行かなければ、何も手に入らないのです。

一人で孤独に取り組む必要はありません。わからない部分は、食事でもしながら、他者に素直に教えを請《こ》いましょう。今の社内のポジションで自分の目線を固定するのではなく、経営者、投資家など、多様な視点から、今社会で起きていることを捉え直してみてください。

**不確実性の高い時代だからこそ、変化を恐れず、新しい道具をまずは手にしてみる。**その道具の有用性を自分なりに考え、他者とその価値を共創していく。
そうした姿勢こそが、新時代を生きていくビジネスパーソンにとっての最大の武器になるはずです。

建設的な感想、ご指摘などは、yamamototech2020@gmail.com にメールでお送りいただくか、左のＱＲコードを読み取って、お問い合わせフォーム（https://bit.ly/30z56tm）よりいただけましたら幸いです。

２０２２年６月

山本康正

本書は月刊『THE21』（PHP研究所）2022年4～7月号の
連載をもとに、大幅に加筆・修正したものです。

編集協力——阿部花恵
図版作成——桜井勝志

PHP
Business Shinsho


山本 康正（やまもと・やすまさ）

1981年、大阪府生まれ。京都大学で生物学を学び、東京大学で修士号取得。ハーバード大学大学院で理学修士号を取得。修士課程修了後、グーグルに入社し、フィンテックや人工知能による日本企業のデジタル活用を推進。企業の顧問も務める。京都大学大学院客員教授。著書に『次のテクノロジーで世界はどう変わるのか』（講談社現代新書）、『2025年を制覇する破壊的企業』『銀行を淘汰する破壊的企業』（ともにSB新書）、『2030年に勝ち残る日本企業』（PHPビジネス新書）など、共著書に『お金の未来』（講談社現代新書）などがある。



PHPビジネス新書 445

入門 Web3とブロックチェーン

2022年7月29日　第1版第1刷発行

| | |
|---|---|
| 著者 | 山本康正 |
| 発行者 | 永田貴之 |
| 発行所 | 株式会社ＰＨＰ研究所 |

東京本部 〒135-8137 江東区豊洲5-6-52
第二制作部 ☎03-3520-9619（編集）
普及部 ☎03-3520-9630（販売）
京都本部 〒601-8411 京都市南区西九条北ノ内町11
PHP INTERFACE https://www.php.co.jp/

| | |
|---|---|
| 装幀 | 齋藤 稔（株式会社ジーラム） |
| 組版 | 有限会社エヴリ・シンク |
| 印刷所 | 大日本印刷株式会社 |
| 製本所 | 東京美術紙工協業組合 |




ISBN978-4-569-85238-6

# 「ＰＨＰビジネス新書」発刊にあたって

わからないことがあったら「インターネット」で何でも一発で調べられる時代。本という形でビジネスの知識を提供することに何の意味があるのか……その一つの答えとして「**血の通った実務書**」というコンセプトを提案させていただくのが本シリーズです。

経営知識やスキルといった、誰が語っても同じに思えるものでも、ビジネス界の第一線で活躍する人の語る言葉には、独特の迫力があります。そんな、「**現場を知る人が本音で語る**」知識を、ビジネスのあらゆる分野においてご提供していきたいと思っております。

本シリーズのシンボルマークは、理屈よりも実用性を重んじた古代ローマ人のイメージです。彼らが残した知識のように、本書の内容が永きにわたって皆様のビジネスのお役に立ち続けることを願っております。

二〇〇六年四月

ＰＨＰ研究所

PHPビジネス新書

# 入門 ビットコインとブロックチェーン

野口悠紀雄 著

ビットコインの基幹技術に留まらず、世界を変える力を持つというブロックチェーン。その仕組みを著名な著者がQ&A形式で明快に解説！

PHPビジネス新書

# 入門 AIと金融の未来

野口悠紀雄 著

AIが金融にもたらす革命的変化は、我々の生活をどう変える？　読めば「お金と経済」の未来が見えてくる、フィンテック論の決定版！

PHPビジネス新書

# 2030年に勝ち残る日本企業

山本康正 著

GAFAを代表格とする「ディスラプター（破壊者）」が市場を作り変えている今、日本企業が取るべき次なる戦略を業界ごとに示す。